青少年 科普图书馆

THE STORY OF NATURE

世界科普巨匠经典译丛·第二辑

自然的玄机

（法）法布尔 著　王议田 译

U0395555

上海科学普及出版社

图书在版编目（CIP）数据

自然的玄机 /（法）法布尔著；王议田译 . — 上海：上海科学普及出版社，2013.10（2022.6 重印）

（世界科普巨匠经典译丛 · 第二辑）

ISBN 978-7-5427-5841-5

Ⅰ . ①自… Ⅱ . ①法… ②王… Ⅲ . ①自然科学 – 普及读物 Ⅳ . ① N49

中国版本图书馆 CIP 数据核字 (2013) 第 177277 号

责任编辑：李　蕾

世界科普巨匠经典译丛 · 第二辑

自然的玄机

（法）法布尔　著　　王议田　译

上海科学普及出版社出版发行

（上海中山北路 832 号　邮编 200070）

http://www.pspsh.com

各地新华书店经销　三河市金泰源印务有限公司印刷

开本 787×1092　1/12　印张 20　字数 240 000

2013 年 10 月第 1 版　2022 年 6 月第 3 次印刷

ISBN 978-7-5427-5841-5　定价：39.80 元

CONTENTS

目录

CONTENTS

一、六个朋友的相聚

太阳刚刚落山，六个好朋友就聚到了一起。保罗叔叔最近正在研读一本巨著，他非常喜欢读书，工作一忙完，他就会拿起书看，好像读书可以舒缓他一天的工作压力一样。在书中，我们能看到别人所经历过的最有趣的事。他的房间里有一个很大的松木书架，书架上罗列着很多种类的书，有的书上还镀着金边。他在房间里读书时十分专注，甚至一刻也舍不得离开，除非有十分要紧的事情需要他去处理。所以别人都说保罗叔叔的脑袋里一定有数不清的有趣的故事。他喜欢观察和研究一些别人认为很不起眼的事物。我们经常看到他站在花园里的蜜蜂窝前，仔细地看着蜜蜂在蜂窝四周嗡嗡地飞着，有时候会专注地看地上爬行的小虫或刚刚发芽的小草，谁也不知道他到底在观察什么。别人都说他在观察的时候就像是发现了大自然的重大奇迹似的，脸上流露出会心的微笑，这时，他会很乐意讲故事给我们听，我们也能从中学到很多知识。

保罗叔叔为人友善，不管谁有了困难，他都愿意帮忙。村里人都很尊敬他，称他为"保罗先生"。

老恩妈妈的丈夫杰克帮保罗叔叔干农活，保罗叔叔不但学识渊博，种田也是一把好手。老恩妈妈照看家里，家畜和田地就由杰克负责打理，保罗叔叔的这两个好朋友对他非常忠实，他经常把家里重要的事情托付给他们。他们在这栋房子里住了好多年了，是看着保罗叔叔长大成人的。保罗叔叔小的时候，如果遇到不开心的事，杰克就会用柳树皮做成哨子，哄他开心，老恩妈也会鼓励他好好上学，还经常在他的口袋里塞上几个煮鸡蛋。所以，保罗叔叔对他父亲的这两位老仆人非常尊敬，他的家就是他们的家，而且，杰克和老恩妈妈非常疼爱保罗叔叔，甚至，只要保罗叔叔开心，就算让他们在地上爬他们也愿意。

保罗叔叔始终一个人生活，他没有娶妻生子，但当他和孩子们一起玩闹时，会觉得特别开心。那些孩子非常喜欢思考，总有问不完的问题，他们是保罗叔叔哥哥的孩子，保罗叔叔向哥哥请求，希望他允许这些孩子每年和自己同住一段时间，现在和他同住的孩子一共有三个：艾密儿、喻儿和克莱尔。

克莱尔马上就十二岁了，是三个孩子中年龄最大的。她勤快又懂事，斯斯文文的，胆子有点小，在她身上，看不到一点浮躁气。她有空儿时会织袜子，或是镶手帕的边，要么就温习功课，很少去想周末休息时要穿什么漂亮的衣服。老恩妈妈很疼爱她，就像她的亲妈妈一样，当保罗叔叔和老恩妈妈让她做什么事时，她会开心地立刻去做，你看！她就是这样一个好脾气的孩子。

喻儿比克莱尔小两岁，个子比较矮，又聪明又活泼。如果他心里装着什么事，会连觉都睡不踏实，他的求知欲非常强，很多事物都令他着迷，蚂蚁拖着稻草快速地爬行，小鸟在屋顶啄食吃，这些不起眼的小事都会引起他的注意。他经常问保罗叔叔这是为什么，那是为什么，保罗叔叔非常喜欢孩子们的这种好奇心，因为只要对这种好奇心指点得当，就会产生很好的教育效果。但喻儿的脾气不太好，对此，保罗叔叔很不喜欢，如果这孩子的脾气不好好改改，以后很有可能会铸成大错的。如果别人不顺着他，他就会发火，把帽子摘下来狠狠丢在地上。这个时候，他又像沸腾时溢出锅的牛奶一样：只要哄哄他，他很快就能平复下来。但喻儿还是个天真可爱的孩子，所以保罗叔叔希望能帮他改掉这个缺点。

三个孩子中，艾密儿年纪最小，他爱跑爱跳，是个顽皮的孩子。三个孩子中，如果有一个人的脸被涂满了果汁，额头撞出一个大包，或是手指扎了刺，那么这个人一定是艾密儿。喻儿和克莱尔都喜欢看书，可艾密儿则最喜欢他的玩具箱了，里面几乎什么玩具都有。有一只陀螺，能发出很响的汪汪声，所以也叫"地汪汪"；还有很多穿着蓝衣服红衣服的小士兵，一只小"诺亚方舟"，这条小船上还载着很多种类的动物[①]；还有一个喇叭，但他吹得很难听，所以保罗叔叔从来不许他吹；还有……这只玩具箱里面到底有多少玩具，恐怕只有艾密儿自己才知道。现在，他又有一大堆问题等着向保罗叔叔请教了。他的好奇心很强，他知道，世界上好玩的东西还有很多，不是只有一个会叫的陀螺，说不定哪一天，他对一个故事的兴趣远远大于他的玩具箱了。

---

① "诺亚方舟"：源于圣经。古时候的一场大洪水把所有的生物都淹死了，在这之前，诺亚造了一条船，把每一种类的一对动物运到船上，使它们幸免于难。欧洲的很多孩子都有这个玩具，小船上有很多铅制的小动物，像动物园一样。

六个朋友聚到了一起。保罗叔叔在读书，杰克拿着柳条正在编篮子，老恩妈妈正在调丝，克莱尔则用红丝线在绣花，艾密儿和喻儿在玩"诺亚方舟"。他们两个正把船上的小动物进行排列，把马放在骆驼后面，把狗放在马的后面，然后是羊、骡子、牛、狮子、象、熊、羚羊，接着是别的动物。他们兴高采烈地排列着小动物，把它们一直排到船边。但不一会儿，艾密儿和喻儿就玩烦了这个游戏，缠着老恩妈妈说："老恩妈妈，给我们讲个好听的故事吧！"

于是，老恩妈妈一边摇着纺车，一边耐心地讲起了故事。

"很久以前，一只蚱蜢和一只蚂蚁一块儿去赶集。天特别冷，河面都结了冰。蚱蜢纵身一跳，就跳到了对岸，可蚂蚁不会跳，它可没办法像蚱蜢一样跳到对岸，它请求蚱蜢说：'你背着我跳过去吧，我身子很轻。'可蚱蜢却说：'你就像我这样一跃就行了。'于是，蚂蚁也学着蚱蜢的样子使劲一跳，一不小心滑倒在地上，跌断了一条腿。

冰啊！冰啊！你太强大了，为什么不能慈悲一点？你看你多可恶，把蚂蚁的腿都摔断了——可怜的腿。

冰无辜地说：'太阳比我还要强大，它能把我融化了。'

太阳啊！太阳啊！你太强大了，为什么不能慈悲一点？你看你多可恶，为什么不把冰融了，它把蚂蚁的腿都摔断了——可怜的腿。

太阳无辜地说：'云比我还要强大，它遮住了我的光芒。'

云啊！云啊！你太强大了，为什么不能慈悲一点？你看你多可恶，你遮住了太阳，太阳就不能融化冰，于是摔断了小蚂蚁的腿——可怜的腿。

"云无辜地说：'风比我还要强大，它把我们吹走了。'

"风啊！风啊！你太强大了，为什么不能慈悲一点？你看你多可恶，你吹来了云，云就遮住了太阳，太阳就不能融化冰，于是摔断了小蚂蚁的腿——可怜的腿。

风无辜地说："墙壁比我还要强大，是它阻住了我。

墙壁啊！墙壁啊！你太强大了，为什么不能慈悲一点？你看你多可恶，你阻止了风，风吹走了云，云遮住了太阳，太阳就不能融化冰，于是摔断了小蚂蚁的腿——可怜的腿。

墙壁无辜地说：'老鼠比我还要强大，它在我身上钻了洞。'

"老鼠啊！老鼠啊！你太强大了……"

听到这儿，喻儿不耐烦地叫起来了："老恩妈妈，你说来说去意思都差不多嘛！"

"怎么会呢？孩子，老鼠怕猫，猫吃了老鼠后，又被扫帚打，扫帚又被火烧，水又把火熄灭，牛把水喝掉，又被苍蝇叮，麻雀吃了苍蝇，又被捕鸟的网捉住……"

艾密儿也有些不耐烦了，他打断老恩妈妈的话说："是不是一直这样无休止地延续下去呢？"

老恩妈妈回答说："你想让这个故事有多长，它就能有多长，因为这世上的事物都是一物降一物的，不管多么强大的东西都有比它更强大的东西存在。"

艾密儿说："老恩妈妈，我承认您说的是对的，但这个故事听得我非常疲倦。"

"那我再讲个别的故事：从前，有一对樵夫夫妇，他们非常贫穷，他们有七个孩子，最小的孩子身体很小，可以躺进一只木鞋子里睡觉。"

艾密儿打断了老恩妈妈的话说："这个故事我知道，这七个孩子在树林中迷了路，刚走进这个树林时，拇指胡波用石头在沿途做好了记号，后来改用面包块儿，结果这些面包块儿都被鸟儿们吃了。孩子们找不到回家的路了，拇指胡波爬到树上往远处看，隐约看到远处有灯火，他们赶紧朝着灯火跑去，可谁知道这个地方住着的是一个吃人的妖怪。"①

喻儿接过话头说："这些传说都是虚构的，像穿靴子的猫②，像灰姑娘遇到神仙，把她的南瓜车变成马车，把蜥蜴变成仆人③，还有蓝胡子先生之类的故事④，都是假的。那些只是传说，都是虚构的，我想听真实的故事。"

保罗叔叔听到"真实的故事"这几字立刻抬起头，合上手里的书。这是一个把话题转移到比老恩妈妈的故事更加有用也更有趣味的绝好机会。

他说："我也认为听真实的故事比较好，在真实的故事中，能发现很多你感

兴趣的神奇的东西，而且对你有很大益处。一个真实的故事和吃人的妖怪、仙女把南瓜变成马车、把蜥蜴变成仆人的传说更加有趣。和真实的故事相比，那些传说就变得无趣了，因为真实的故事都是大自然的杰作，而那些传说，只是人们凭空想象的而已。老恩妈妈刚才给你们读的蚂蚁学着蚱蜢的样子跳河，结果摔断了腿的故事，你们觉得有趣吗？现在，有没有人想听一个关于蚂蚁的真实故事？"

艾密儿、喻儿和克莱尔听到保罗叔叔的话都兴奋地叫起来："我要听！我要听！"

---

①拇指胡波（Hup-o'-iny Thumb）是欧洲一个妇孺皆知的著名传说，拇指胡波非常聪明，他救了几个哥哥，杀死了妖怪，还为国王打了很多胜仗，成为国王的重臣。

②穿靴子的猫（Puss in Boot）也是欧洲的一个著名传说。

③灰姑娘（Cinderella）是一个苦命的女孩，后母要求她在家里干活，而带她的两个姐姐去参加王子的舞会。灰姑娘遇到了一位好心的仙女，她把南瓜变成了漂亮的马车，把蜥蜴变成了仆人，载着灰姑娘赶到了舞会。王子对她一见钟情，邀请她跳了舞，一直跳到午夜十二点，她突然想起临行前仙女告诉她，午夜十二点后，马车和仆人都会恢复原样，于是灰姑娘急着离开舞会，可王子却对她万般不舍，硬要挽留她，灰姑娘狠心挣脱了王子，却不小心丢下了一只鞋子，后来，王子凭借这只鞋子找到了灰姑娘，并和她结为夫妇。这在欧洲是个家喻户晓的故事。

④蓝胡子（Bluebeard），欧洲著名的传说，蓝胡子专娶无亲无故的姑娘为妻，过不了多久，就把她杀了。

三、蚂蚁建筑师

保罗叔叔开始讲故事了："小蚂蚁们个个都是伟大的建筑师，阳光明媚的日子里，我会认真地观察它们的活动。它们围着一个小泥丘爬来爬去，每个小泥丘的顶上都有小洞，这是为了方便它们进出。

"有几只蚂蚁从这个洞的底下钻出来，后面还跟着很多蚂蚁，每只蚂蚁的口中都衔了一粒和谷子大小差不多的泥粒，这样大小的泥粒对于它们来说实在太重了。把这颗泥粒衔到泥丘的顶上后，就把它放下来，让它顺着泥丘的斜坡滚下去。它们就这样辛勤地干活，从不终止，它们把泥粒放下后，就立刻返回洞里搬下一颗泥粒，它们为什么这样忙碌地干活呢？

"它们正在建筑一座地下城堡，这个城堡中有街道、市场、公寓，还有贮藏食物的库房；它们在为自己挖掘一处安居的好地方。它们从雨水渗透不到的深处掘出泥土，挖掘出一条通道，这就成了一条交通街道，再向四周分支出去，向左右、上下交叉着延伸出去，一直延伸到几间大厅堂里去。它们一口口、一粒粒用牙齿的力量做着这些艰巨的工作。如果你看见地底下有这样一大群乌黑的矿工在辛勤地劳作着，一定会叹为观止。

"这里的蚂蚁最少也有几千只，它们在最深最黑暗的地方工作，它们用抓、咬、拉的动作努力完成自己的工作。它们是这样的吃苦耐劳！它们把泥粒挖出来后，又骄傲地使劲儿把它们搬上来！动作中也带着无比的自豪感，我注意过这个细节，蚂蚁的头在沉重的担子下，会轻轻地抖动，用力把泥粒扛到地面上。与同伴相遇时，它们就像在对同伴耳语：快来看！我干得多么卖力！对于它们的这种骄傲，没有哪一个人会去责备，因为它们工作勤劳，这样的骄傲是最光荣的。在这城市的门口，也就是洞的边缘上，它们从下面建筑城市时挖出来的材料，渐渐地堆积成了小泥丘。泥丘越大，就说明它们在下面建造的地下城市也越大。

"当然，不能只在地下掘好这些坑道，这离完成还差得很远：它们要使上面的泥土不会塌下来，还要把不坚固的地方填塞好，把屋顶用柱子撑住，划分开各部分。这里不仅有"矿工"，还有"木匠"，矿工负责把地下的泥搬到泥丘上去，而木匠负责搬运建筑材料。那些材料就是一些木片、柱梁、小搁栅，这些材料非常适合用于营造。它们可以用细小的稻

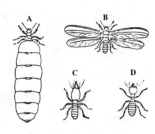

白蚁
A.雌白蚁； B.雄白蚁；
C.兵蚁； D.工蚁。

草做成坚硬的天花板，用干叶子上的梗茎做成最坚强的栋柱。木匠还会到附近的森林里的青草丛中去挑捡建筑需要的材料。

"太好了！快来看，这是一颗麦粒的壳，它又薄又干，而且非常坚硬。这样的材料非常适合用来给下面的房子分间。但这个材料非常笨重。蚂蚁找到了这样的壳，会用尽全力把它往洞里拖，甚至累得六条腿都发抖了，可还是无法搬动这笨重的东西。它再次尝试了一下，这使它整个小身体都跟着抖动起来，这时那麦壳才稍微移动了一点位置。这只蚂蚁知道自己根本没有搬动这个壳的力量，于是转身跑掉了，你会不会认为它要放弃这片东西了？当然不了，它们做事总是保持着足够的耐心达到成功。不一会儿，那只小蚂蚁带着两个帮手回来了。三只小蚂蚁一个在前面拉，两个在后面推，现在你们再看，那个笨重的壳终于移动起来，被这三只小蚂蚁推着滚回洞里去了。这一路上，它们走得非常困难，在路上遇到的别的小伙伴，都会主动帮助它们搬运的。

"不一会儿，这些小蚂蚁已经齐心协力地把那个笨重的麦壳运到了地下城市的大门口。可是又进行不下去了：那个笨重的东西在洞口，怎么也不肯进去。很多小蚂蚁从下面赶出来帮忙：十个，二十个，来帮忙的小蚂蚁越来越多，它们一起用力推拉着麦壳，可是还是无法把麦壳运进洞里。这时有两三只蚂蚁工程师，离开了正在忙碌的蚂蚁，仔细查看原因所在。终于，它们想到了解决的好办法：它们只要把麦壳的一头朝底，一头朝天就可以把它运进洞里了。小蚂蚁们把麦壳向后拖，直到它的一头伸在洞口上为止。这时一只蚂蚁把这个麦壳的一头咬住，其余的小蚂蚁合力举起搁在地上的另一头：那个麦壳立刻被翻转了过来，轻松地

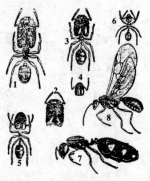

蚁之阶级

1.兵蚁　　2.工蚁之头部（放大）
3.大工蚁　4.中工蚁之头部
5.中工蚁　6.小工蚁
7.女王　　8.雄蚁

进入了洞里，跟着一起跌进洞里的还有那麦壳上的一个木匠，它正紧紧地抱着麦壳。孩子们，你们不要认为那些衔了泥粒爬上来的矿工会由于好奇而停下手里的工作，站在一旁观赏这桩机械的工程，它们可没有这个工夫。它们忙着把掘出来的东西搬走，一刻也不停歇。它们个个都在紧张地工作着，时而从那摇摇欲坠的栋梁下路过，要知道，它们这是要冒着断头折足的危险的。

"不管是谁，劳作特别辛苦时，都会感到肚子饿，小蚂蚁也是一样，它们在激烈的工作之后，食欲变得非常大。这时，榨牛奶的蚂蚁刚从乳牛那里榨得了牛乳，它们走过来把新鲜的吃食分配给每个辛勤劳作的蚂蚁。"

艾密儿听到这里不禁扑哧一声笑了出来，他对保罗叔说道："保罗叔，你讲的这些到底是不是真的？蚂蚁会榨牛奶，还有乳牛，这个故事听起来和老恩妈妈讲的神仙故事像极了。"

对于保罗叔叔刚才所讲的这个神奇的故事，不只艾密儿觉得难以置信，老恩妈妈也停下了手里的纺丝杆，杰克不再编柳条篮，包括喻儿、克莱尔，大家都紧盯着保罗叔叔，等着他的回答。

保罗叔叔笑着说："当然是真的了，孩子们，这的确是一个真实的故事。的确有这样的牛，而且在蚂蚁中，也真的有一种蚂蚁负责榨牛奶，当然了，那需要事实来证明给你们看。好了，今天到此为止，接下来的故事，我们明天再继续吧。"

艾密儿对保罗叔叔讲的故事深信不疑，他把喻儿拉到一边认真地说道："叔叔的故事一定是真的，这个故事太有趣了，比老恩妈妈讲的故事好听多了。为了听他讲故事，我宁可不玩我的'诺亚船'，来听那些小蚂蚁和奇怪的乳牛。"

四、蚁牛

　　第二天一大早，艾密儿还没有完全醒来，就满脑子都是保罗叔叔讲的蚂蚁们的乳牛。他告诉喻儿："今天早晨我们要求叔父把他的故事讲完。"

　　他们一下子来了精神，立刻起床跑到了保罗叔叔面前。

　　保罗叔叔听了他们的请求后哈哈大笑起来："蚂蚁们的乳牛让你们很感兴趣？好吧！我不仅会讲给你们听，还会指给你们看。当然了，在这之前，我要先把克莱尔找来。"

　　不一会儿，克莱尔就赶到了。保罗叔叔带着这几个好奇的孩子来到花园的接骨木下。在这个地方，孩子们看到了这样的景象：

　　接骨木上有一团一团的白花盛开着。草丛中飞舞着蜜蜂、苍蝇、硬壳虫、蝴蝶，它们发出了嗡嗡的声音。成群结队的蚂蚁在接骨木的干上、树皮的边缘上急匆匆地爬行着，有的向上爬，有的向下爬。相比之下，那些向上爬的小蚂蚁看上去更加勤奋。有时候，它们会拦住向下爬的同伴，就像是在向它们打听下面的情况。打听完之后，它们爬得更带劲儿了，这就足以看出，它们听到的消息是好消息。那些向下爬的小蚂蚁看起来不慌不忙的。它们被拦下之后会很高兴地把情况传达给向它询问的蚂蚁。而那些向下爬的蚂蚁看上去为什么不像那些向上爬的蚂蚁那样匆忙呢？原因很简单。因为那些向下爬的蚂蚁已经吃得饱饱的了，身体也是重重的，样子非常滑稽；而那些向上爬的蚂蚁，都饿着肚子呢。要知道：那些向下爬的蚂蚁刚刚从上面的饭厅吃得酒足饭饱走下来，它们吃得太多了，身体太重，只能慢慢地爬了；而那些向上爬的蚂蚁同样是去上面的饭厅吃饭，不过它们正饿着肚子呢，所以为了早一点享受到美味的饭食，才会急匆匆地向接骨木的上面爬。

　　喻儿奇怪地问："在接骨木上有什么好吃的吗？它们在那儿找到了什么？你看这些贪吃的小家伙，有几个看上去已经撑得爬都爬不动了。"

　　保罗叔叔纠正着喻儿的观点："它们可不是贪吃，它们吃这么多东西都是有目的的。在接骨木上，有很多蚂蚁们的乳牛。那些向下爬的蚂蚁把新榨出来的牛奶装在肚子里，

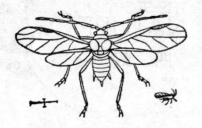

木虱（放大的形状，左下是它原来的大小，右下是敛翼时之状。）

带回去喂给蚂蚁城里的工蚁们吃。我们来看看那些蚂蚁是怎样榨牛乳的。先提醒你们，要知道，那些牛和我们的牛可不一样啊。它们非常小，一瓣叶子对于它们来说，都像是一大片牧场了。"

保罗叔叔拉下来一根丫枝，把它拉到孩子们眼前，大家仔细地观察着。这根丫枝上有无数漆黑的柔软的小虱子，它们紧紧地挨着，一动也不动，一片叶子的背面和一支新枝上密密麻麻的全都是。它们的嘴上有根吸管，这根吸管非常细，比一根毛发还要精细，它们把这根吸管插入树皮里，尽情地吸吮着接骨木的汁水。在它们背上的下端有两条非常短而且空心的毛发，它们就像两根管子一样；如果你观察得足够仔细，你甚至能看到那些甜蜜的汁水，这些黑虱子，叫木虱，就是蚂蚁们的乳牛。那两根短而空心的管子是它们的乳房，从尖端滴出来的汁水，就是蚂蚁们喝的牛奶。当它们挨得太紧太密时，那些饥饿的蚂蚁就会爬到它们身上寻找美味的牛奶。小蚂蚁一见到就会开心地跑过去，扬着头像是在说：太棒了，真是人间美味啊！于是又开始寻别的牛奶管。但木虱可是非常吝啬的；它们不会心甘情愿地把牛奶献出来。这时，蚂蚁就会像挤牛奶一样用它的触须，就是它们精致柔软的触角，轻轻抚摸着木虱的肚子，刺激它们出牛奶的管子。这是一个屡试不爽的好办法。在这种情况下，木虱就会乖乖地把汁水从管里滴出来。这是多么美妙的事情啊！如果一只木虱的汁水无法令它们填饱肚子，它们就会用同样的手段到其他木虱那里寻找汁水。

保罗叔叔放下丫枝，丫枝一下子弹回到了原来的地方。榨奶蚁、木虱和牧场也马上回到了接骨木的顶上。

克莱尔叫着："保罗叔叔，这太奇怪了。"

"孩子们，蚂蚁的乳牛可不是只靠接骨木这一种植物生存。它们也会寄生在别的植物上。寄生在玫瑰树和白菜上的木虱都是绿的；在接骨木、豆莺粟、荨麻、杨柳、白杨等植物上的木虱颜色都是黑的；在橡树、蓟等植物上的木虱都是紫铜色的；在夹竹桃、坚果等上的木虱颜色都是黄的。那些木虱都有一个共同点，就是它们都有两根用来吸食甜汁的管子；也用这两根管子来喂蚂蚁。"

克莱尔和保罗叔叔离开了。对于刚才看到的情形，艾密儿和喻儿的兴趣非常浓，他们兴高采烈地在别的植物上去寻找木虱的踪迹。一个小时的时间，他们就找到了四种，津津有味地看了个够。

　　到了晚上，保罗叔叔接着给孩子们讲起蚂蚁的故事来。平时这个时间，杰克都会跑到家畜棚里去查看牛儿们的进食情况，看看小羊吃饱了以后有没有在妈妈的怀里安然入睡。可今天晚上，他却借口要把所编的柳条篮子编完，安静地坐在原处。其实他的心思都在蚂蚁的乳牛身上了。保罗叔叔又给孩子们重复了一遍早上在接骨木上看到的情形：木虱如何把甜蜜的汁水从管子里放出来，蚂蚁如何吸取这种甜蜜的汁水；以及在非常时期，它们榨取牛奶的小手段。

　　杰克说："主人，你的故事真好，它让我增长了许多见识，让我知道，上帝对他的子民是这样的关心，我们靠乳牛喝奶，而蚂蚁们居然也有属于它们的木虱。"

　　保罗叔叔说：没错，亲爱的杰克，大自然中的很多现象，比如：硬壳虫儿钻在花心里吸取花蜜，瓦上的青苔给太阳晒得干燥难耐，又被雨水所滋润，这些现象在一个有思想的人眼中，无一不包含着伟大的大自然的奇迹。

　　"现在继续我们的故事。如果我们的乳牛与我们距离很远，我们想要挤牛奶，就要到很远的牧场去找它们榨取奶汁，这不仅需要走很远的路，而且还不一定能够找到。这的确是一件难办的事，而且就算你努力做了，也不一定能够做到。那么我们应该怎么办呢？我们把它们关在离自己距离非常近的栏里或棚里好了。而这种现象对于蚂蚁和木虱来说也是一样的。它们想避免辛苦的长途跋涉，或是经常走很远的路也没有收获，于是蚂蚁就会把木虱放在距离自己很近的园里。虽然这一点它们未必能想到。但就算它们想到了，也不可能为圈养木虱而筑起一座大园，并在园中放入很多植物的叶子和牲畜。就像我们今天早上所看到的趴满了黑木虱的接骨木，这么大的围墙蚂蚁怎么可能造得起来呢？它们的能力不够，这对它们来说是一个限制。然而如果它们搬几根草，在这些草下面养育一些木虱的方案还是非常可行的。

　　"所以，小蚂蚁们就发明了这样的小规模饲养计划。夏天的时候，它们会建筑避暑的牛棚，使阳光无法照射进去，在这样的牛棚里饲养木虱。而且它们自己也会在这个牛棚里居住一段时间，这样就能待在木虱身边，随时榨奶。所以它们会往那些草根上搬运泥粒，把草根遮上。这个裸露在外面的根就成了天然的沿墙根基。它们把干土一粒粒堆起来，从而形成一个大的圆顶。这个圆顶环绕着草的茎，筑在根的底部，一直通向木虱的居住地。为了能料理牛棚里的大小事务，它们还在边上开着小洞。这样，这个避暑的牛棚就建造完成了。木虱居住在这样的牛棚里，会感到凉爽又舒适，而且这个牛棚里食料充分。这是多么幸福的事啊！木虱们安逸而得意地居住在这里，它们的吸管已注入了叶茎当中。这样一来，小蚂蚁们根本不用走出家门，就能吃到甜蜜的牛奶了。

"在我们看来，那些小蚂蚁们用泥土筑起的牛棚，只是它们马马虎虎地建造出来的，我们只要对它们使劲吹一口气，就能把它吹倒。可这些小蚂蚁为什么费那么大的力气来盖这样一个如此不坚固的牛棚呢？其实并不是它们不想建造牢固的牛棚，只是因为它们根本无法盖得牢固，高山上的牧羊人不也是费了很多时间精力才用松枝建筑小棚吗？而这样的小棚也只能供他们蔽身一两个月。

"如果木虱很少，蚂蚁是很不愿意为它们建造牛棚的。它们会把远处的木虱搬过来，实在找不到合适的牛棚时，才会自己动手建造。这样的牛棚我曾经见过，喻儿，如果你在夏天最热的日子里多注意一下盆栽植物的根边，就能看到这样的牛棚。"

喻儿听后兴奋地说："叔叔我一定会注意观察，找到它们，我确实要看看那些小蚂蚁们建造的牛棚是什么样子的。可是您还没有说，为什么蚂蚁找到一群木虱时会变得那样贪吃？我记得您刚才说过，那些从接骨木上吃饱了爬下来的蚂蚁是为了把肚子里的汁水带去给丘内的伙伴们吃。"

"一只找寻食物的蚂蚁在适当的时候当然也会自己先吃饱：可它们并不自私，只顾自己吃饱，而不管别人了。当我们为别人做事的时候，不也是要先喂饱自己的肚子吗？小蚂蚁吃饱了以后就会立刻想起其他饿着肚子的小伙伴们。孩子们，这样的精神在人类中可是不常见的。许多人都是只要自己吃饱了，就不管别人是否还在挨饿。这样的人就是自私的人。上帝会给这样的人戴上这个恶名，你别看小蚂蚁那么小，在它们看来，自私自利是最可耻的事！它们自己刚一吃饱，立刻就会想起挨饿的伙伴们，就会立刻用它仅有的运输工具——肚子来装满牛奶和食物带给伙伴们。

"现在小蚂蚁的肚子已经装得满满的回去了。它们装在肚子里的食物足够其他小伙伴分来吃。那些坑夫、木匠和别的建筑城市的工蚁都是靠这些食物的接济来更辛勤地劳作，它们忙于工作，无法亲自去找寻木虱，吸取牛奶，那些榨牛奶的小蚂蚁，遇到一个正在拉小稻草的木匠蚂蚁，它已经拉了很长时间了。这两只小蚂蚁相遇到把嘴对起来，看上去像是在亲吻。负责运牛奶的小蚂蚁把肚子里装运的牛奶吐出来，另一个木匠蚂蚁就开始贪婪地吸吮。味道太好了！木匠蚂蚁吃饱以后，又立刻回到它的稻草那里继续工作，而送牛奶的蚂蚁也继续往前走，继续给饥饿的伙伴送奶。它又遇到了另一个饥饿的伙伴，于是又和它嘴对嘴地亲吻，又吐出了一滴牛奶，饥饿的小蚂蚁贪婪地吸食着。这样一路走去，它遇到饥饿的小蚂蚁就会停下来喂它们，直到把它们肚子里的牛奶全都喂完。榨奶蚁就会再回到木虱那里榨取牛奶继续运送。

当然了，要喂饱那样一大群劳作着的工蚁，像它们这样一小口一小口地喂食，只靠一只榨奶蚁是远远不够的；这样庞大的工程需要一大群的榨奶蚁才能完成。还有一大群饥饿的蚂蚁待在地底下温暖的卧房里。这些都是小蚂蚁，是蚂蚁的孩子们，是这个城市未来的接班人。你们知道吗？蚂蚁和其他昆虫，比如鸟类是一样的，它们都是蛋生的。

艾密儿说："我记得有一天，我捡起了地上的一块石头，发现石头下面有很多粉白色的小点儿，蚂蚁们都匆匆忙忙地往地下搬运。"

保罗叔叔点点头说："那些粉白色的小颗粒状的东西就是蚁蛋，蚂蚁把它们从地底下的屋子里搬出来放在石头下面，使它们能受到太阳的光热孵化出来。你把石头拿起来后，它们就要把这些蚁蛋转移到更安全的地方，以防遇到危险。

"刚刚从蚁蛋里孵化出来的蚂蚁，和你们想象中的不一样，它们是一条没有脚，也没有翻身力量的小白虫。这样的小虫在蚂蚁丘里有几千只。榨奶蚁一刻不停地来来回回运送牛奶，喂养那些小虫，使它们能早一点成为真正的蚂蚁。你们想想，这么多等待着喂养的小东西，榨奶蚁们是多么的辛苦，又需要榨取多少的汁水才够用？"

THE STORY OF
NATURE

六、聪明的长老

　　喻儿说："到处都能看到大大小小的蚂蚁丘，在花园里，我就能找到一打。蚂蚁丘里爬出的黑色蚂蚁们，看上去漆黑的一片，连路都盖上了。要养育这么多小家伙，得需要多少木虱啊！"

　　保罗叔叔解释说："蚂蚁的数量虽然多，但木虱的数量更多，甚至严重地影响了我们庄稼的收成。那些小小的木虱居于敢和人类宣战。为了让你们了解这一点，我来给你们讲下一个故事：

　　"在很久很久以前，印度有一个国王，整天愁眉苦脸的。一个长老看到国王的郁郁寡欢，就发明了一种游戏棋，希望国王能因此高兴起来。玩法是这样的：一方棋盘上排列着黑白两种颜色的棋子，它们是敌对的，这些棋子代表的分别是：兵卒，骑兵，将军，主教，炮台，王后及国王。棋战开始了，最先接触的只有兵卒。国王的前面有重兵保护，在最安全的位置观看着战局。接着骑兵手拿宝剑冲出去和敌人厮杀；甚至主教也参与了战斗，打得非常起劲，保护全军的左右翼被巡行的炮台驱驰着。胜负马上就见分晓了：黑棋一方，王后被俘虏了，国王边上的两个炮台也被攻下了；一个将军和一个主教想要掩护国王逃离，可是并没有成功，最后，国王也被俘虏了。

　　"这个象征着战争的小游戏，使终日闷闷不乐的国王大为欢喜，他要奖赏这位聪明的长老，奖励他的这项伟大的发明。

　　长老说：'陛下，我只是一个小人物，我的要求是微不足道的，您只要奖励给我一些麦粒就可以了。数量就是：在棋盘的第一个方格里给我一粒麦粒，在第二个方格里给我两粒麦粒，第三个方格里给我四粒，第四格里就是八粒，依此类推，后面的每一格里的麦粒数量都比前一格多一倍，这样一直加到最后一个格为止，棋盘里的小方格一共有八八六十四个。只要奖励给我这些就够了，这样就够我的蓝鸽子吃上几天的了。'

"国王心里想着：'这个人绝对是个傻子，他居然只向我要几把麦粒，本来他可以向我要很多黄金的。'国王转过身对大臣说：'给他一袋麦子，另外，再给他十袋金钱。要知道，这可比你向我要求的，要多出一百倍了。'

"长老回答：'陛下，请收回您的金钱，我的蓝鸽子并不需要它们，只要把我该得的麦粒如数给我就可以了。'

"'那吧，那我再多给你一点，大臣，给他一百袋麦粒。'

"'陛下，这根本不够。'

"'那么一千袋总够了吧？'

"'陛下，还是不够。这些并不能按我的要求装满我棋盘的方格。'

"这时，大臣们相互私语着，他们不明白，这位长老如此微小的要求，用一千袋的麦粒难道还无法填满按他要求的六十四个方格吗？国王不耐烦了，把几个有学问的臣子召集起来。他们要好好清算一下长老要求的麦粒到底有多少。聪明的长老捋着胡子笑着。谦虚地静静站在一边，耐心地等待着几个臣子计算出来的结果。

"在几个大臣越往下计算，数目越庞大。计算完之后，一个大臣站了起来。

"他擦了擦额头的汗珠说：'回禀陛下，依照这位长老的要求，我们用算术计算出了结果，这个数目即使把您谷仓里所有的麦粒都赏赐给他也是不够的。而且再加上全城乃至全世界所有的麦粒同样不够。他要求的麦粒数目盖满海洋、大洲乃至地球上的所有地面，而且可以盖上的麦粒厚度有一根手指那样厚。'

"国王生气地走来走去，但是没有办法，他已经答应了长老的要求，却无法实现，所以只能答应长老另一个奖励，那就是封这位发明这种棋子游戏的长老为'维齐尔'官爵。其实这才是长老真正想得到的。

喻儿听完故事说："其实我也和国王一样中了长老的阴谋，一开始我也以为按他的方法加到第六十四个方格，也只有几把麦粒而已。"

保罗叔叔笑着回答："所以你要认清这样一点，即使一个再小的数目，像这样滚雪球似的相加下去，也会变成一个惊人的庞大数目。"

艾密儿说："这个长老太狡猾了，他起初还说只要一些足够他的蓝鸽子吃上几天的麦粒，其他的东西一概不要，其实他想要的比国王拥有的还要多。保罗叔叔，长老到底是什么呢？"

"东方的僧侣被称为长老。"

"国王封长老做的'维齐尔'是一个大官吗？"

"'维齐尔'的意思就是首相或总理大臣。那个长老就这样轻轻松松地成了那个国家的大官了，那可是'一人之下万人之上'的官职啊！"

"怪不得他会拒绝接受国王赏赐的十袋金子。他想要的是更多的奖励。"

"长老把麦粒加倍了六十三次，和这么庞大数量的麦粒比起来，十袋金子又算得了什么呢？"

喻儿问："可是，这个故事和木虱有什么关系呢？"

保罗叔叔神秘地说："我马上就要把长老的故事引到木虱的故事上来了。"

七、庞大的家族

保罗叔叔接着讲他的故事："假如有一只刚在一棵玫瑰花树的嫩枝上住下的木虱，只有它一只而已。过了几天，这只小木虱就有了一群儿子。儿子的数量或许是十只，或许是二十只，也可能是一百只，好吧，我们暂时按十只计算。只有十只木虱是远远无法使它们的种族延续下去的，对于这个问题，你们不要觉得可笑。我知道，如果这棵玫瑰树上根本没有木虱，那么什么事情都不会发生了。"

艾密儿说："那样的话，蚂蚁就无法得到它们赖以生存的牛奶了。"

"是的，就算木虱在这个世界上灭绝了，那么地球依然照常转动，一切都不会改变，那么十只木虱能否把它们的种族延续下去呢？不要笑，问这个问题可不是胡闹；这就是自然科学的目的，它就是为了要考查出各种物种的适度繁殖到底用了什么样的神秘方法。

"一只木虱繁衍出来的十只木虱，如果没有受到外力伤害，就会再繁衍出更多的新木虱。一只生出一只，新生出来的木虱就有十只，但如果一只产生了十只，那么在很短的时间里，木虱的数量就会无限地增加。一粒麦两倍两倍地加六十三次，就能在全世界盖上一根手指那么厚的麦粒，如果加的倍数是十倍而不是一倍呢？会出现什么样的结果？这样繁衍下去，几十年之后呢？那么这些木虱会盖遍全世界了。但是木虱的早熟和早死都是自然规律，是不可抗拒的，这就使得它不至于过分地繁殖，使它们的家族不会过度繁盛，还有一个使它们保持在永久的年轻状态的作用。一株玫瑰树上的木虱看上去好像非常平静，其实每一分钟都有很多木虱在经历着死亡。这些弱小的生命体只会成为强大者的牧场和肚子里的食物。木虱是那样软弱和没有任何防护方法的小动物，它们的生活是多么的危险呀！刚从蛋壳里孵化出来的小鸟有着锐利的眼睛，它们来到木虱们繁殖的场所，就会把它们都吃进肚子里，一口就能吞掉几百只木虱。一条贪嘴的小虫，也加入了吞食木虱的行列，它的生理构造正好可以活活地把它们吞进肚子里，可怜的小木虱，

这样看来，你们的种族真的是太危险了呀！

　　"这种吞食木虱的小虫，是一种背上有白的条纹的碧绿色的小虫。它们前面尖、后面很胖，缩成一团的时候，看上去就像是一滴眼泪一样。由于它非常爱吃小蚂蚁，所以它们被称为蚂蚁的狮子。它住在木虱群内，找到最大最肥的木虱，用它尖锐的嘴吸干木虱肚子里的汁水，但它们不吃木虱的皮，因为木虱的皮太硬了，它们吸干汁水之后就会把木虱的尸体抛掉。接着再寻找下一只木虱，以同样的方法吸食。它一只接一只地吃着木虱，木虱变得越来越少，可它们自己却丝毫没有感觉到危险。木虱被捉住以后，用脚在狮子的牙缝间拼命地挣扎，再没有任何其他的动作了。木虱仍旧只顾着吃。就算把肚子吃出毛病来，它们也不怕。它们贪婪地吃着，又在等着被狮子吃。狮子吃饱后，就会伏在木虱群里慢慢消化。一会儿就会消化完，然后又会接着寻找新的木虱吸食。这样持续两星期后，它就能把它附近的木虱群都吃光。然后它能变成一只漂亮的小蜻蜓，眼睛像两块金子一样闪闪发亮！这种蜻蜓名叫'草蜻蜓'。

　　"只有这样的小虫是木虱的敌人吗？当然不是。瓢虫也是它们的天敌，它背上有黑色的小斑点，整体看上去圆而红，颜色很好看，样子也很好玩。谁也想不到这样一个可爱的小家伙居然会是小木虱的天敌，它们的肚子里装满了木虱，如果你在玫瑰树中仔细看看，就能看到它们贪婪的吃相。它很馋嘴，非常爱吃木虱，但是看上去又美丽又好玩。

　　"不要以为木虱的天敌只有这两种，那些贪吃的家伙们通常都会把木虱们当做自己的食物，它们的天敌不仅有小鸟、草蜻蜓、瓢虫，还有很多馋嘴的家伙要吃它们，可即便是这样，木虱的数量似乎一点也没有减少，仍然到处都是。这些小木虱只有用不断的补充繁殖的方法来反抗生命被毁灭的杀戮。不管是什么时候，那些贪嘴的家伙们随时都有可能来袭击它们；这些小木虱不断地被吞食，存活下来的数量很少，但只依靠这很少数量的木虱家族就能得到恢复。它们虽然是弱者，可也正因为如此，它们的繁殖力才这样强大。

　　"海里的鱼类像木虱那样也有很多天敌，比如青花鱼、鳖鱼和沙丁鱼。鱼儿们都在海里自由自在地游泳，如果浮上海面一段距离时，就有可能灭亡。海面上也有很多馋嘴的吃客，环绕在鱼群周围；空中的馋嘴食客们盘旋在海面上，人类也在岸边等着它们，会凶残地攫取这些鸟们的一份海粮。人们组织了船队出海捕鱼，这几乎在每个国家都有。人们把鱼捕回去后，放在太阳下晒、腌、熏，最后装好放起来。虽然鸟儿和人类的大量捕杀，可鱼儿的数量却并没有任何减少；那是因为，对于弱小者来说，保护种族的延续，大量的繁殖是最好的方法，所以它们的繁殖能力是非常惊人的。一条鳘鱼能产下九百万枚鱼卵！这么多的鱼，鸟儿和人类怎么可能捕杀得尽呢？"

艾密儿吃惊地叫了起来："九百万枚？天哪！那是一个多么庞大的数目啊！"

"是的，要把它们数一遍，每天数十个小时，还要用一百天的时间才能数完呢！"

艾密儿说："要数出这个数目，一定要有很大的耐心。"

保罗叔叔回答说："不必数它们，有更方便的方法，就是称它们的重量，从它们的重量，得出大概的数目。"

"和海中的鳘鱼一样，玫瑰树和接骨木上的木虱几乎每时每刻都在经历着死亡。我刚才已经说过，它们有一大堆的天敌等着用它们填饱肚子。所以，它们想要繁盛，就要比其他动物更快地繁殖，当然了，它们也有快速繁殖的方法。木虱不会生了蛋后再慢慢从蛋里孵出小木虱来，这样的繁殖过程简直太慢了。它们直接就能生出活的小木虱，这些小木虱只需要两个星期的生长时期就能生出下一代木虱。持续几个季节，至少半年的时间里，它们都会重复这样的繁殖过程，在这短短的半年时间里，它们能够繁殖十二代以上的子孙。我们按一只木虱生出十只小木虱来计算，当然了，这数目离准确的数目还有一定的出入。第一只木虱所生的十只小木虱，两星期后会各自再生出十只小木虱，这样，短短的两个星期时间，就由一只木虱变成了一百多只；那一百只小木虱两星期后又各自又生十只，这就变成一千多只木虱了；一千只小木虱再各自生十只，就变成了一万多只；按这样的倍数乘上去，乘到十一次。这个计算过程就和那位长老要求的麦粒情况类似，考虑到前期出生的木虱仍不断繁殖，这样十倍十倍地增长起来，逐渐从一个不起眼的数字成为一个庞大惊人的数字。木虱家族的增加速度真的是更快了，这比长老的麦粒增长速度更快，因为它是十只一乘的。虽然木虱的数目只乘到十一回就不再乘了，并没有乘到六十四次。可即使这样，它的结果仍会令你们惊骇：一万亿。要一个个地数鳘鱼的卵，需要用时一年；要数半年内一只木虱繁殖出的子子孙孙的数量，就需要用去一万年的时间！现在你们看，那些木虱的天敌们能把它们吃尽吗？你们知不知道，这些木虱紧密地排列在接骨木

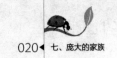

上，要占多少面积？"

克莱尔立刻猜道："恐怕有我们的花园那么大了吧？"

"它的面积比这可要大得多呢；咱们的花园长一百米，宽一百米。而咱们刚才计算出的那个木虱家族，至少要占去十倍于花园的地方，也就是十公亩。你们想想，如果没有那些小鸟、小瓢虫、有金眼睛的草蜻蜓一直在吃它们，当我们消灭木虱的时候，一定会感到非常麻烦吧？如果不消灭它，那么这一只木虱繁殖出来的后代在数年的时间内就能盖遍全世界。

"虽然那些馋嘴的吃客一直在大量地吞食它们，可是木虱的数量还是很多，并且严重地威胁着人类。有翅膀的木虱多得像一团团的云雾一样，经常会在空中飞来飞去，把太阳光都遮住了，看上去黑压压的一大片，从一个地方飞到另一个地方，它们贪婪地吸干果树上汁水。在这个时候，它们根本就是大自然派来磨难我们的魔鬼。这都是因为人类太骄傲，看不起弱小卑下的生物。它们虽然是小得不易被发现的吃草动物，而且它们太软弱了。可是当它们成群地飞来时，人类一定会陷入恐慌中，因为它们能够摧毁地球上的好东西。

"人类有改造自然的强大力量，却被这些小东西弄得束手无策，因为它们数目太多了。这使人类感到棘手。"

保罗叔叔把蚂蚁和它的乳牛的故事讲完了。过了很长时间，艾密儿、喻儿和克莱尔还在津津有味地谈论着庞大的木虱和鳖鱼的家族，当他们数到百万、千万、万万时，就开始糊涂了，他们不得不承认，保罗叔叔的故事比老恩妈妈的故事要有趣多了。

八、一棵老梨树

保罗叔叔砍倒了花园里的一棵梨树。那棵梨树年纪很老了，这几年都没有结梨子，树干上也有很多地方都被虫蛀空了。保罗叔叔又在老梨树的地方种了另一棵梨树，他坐在老梨树的树干上专心致志地看着什么东西，用手指点着老梨树截断的地方，嘴里数着："一，二，三，四，五……"

他叫喊着："孩子们快点过来，这棵梨树有很多有趣的故事，它正想把自己的故事告诉你们呢。"

孩子们哈哈大笑起来。

喻儿问："老梨树有什么有趣的事吗？"

"你们快过来看，这是我用斧子砍断的地方，我砍的时候非常小心。断开的树干上有很多圆圈，那圆圈绕着树心一圈一圈地越来越大，一直延伸到树皮边。"

喻儿说："是的，叔叔，我看到了，它们看上去就像是一个套着一个的环。"

克莱尔说："这些圆圈看上去就像是往河里抛了一块砖，砖的周围漾起的一圈圈的圆圈。"

艾密儿说："我靠近一点也看出来了。"

保罗叔叔冲着孩子们点点头继续说："孩子们，你们知道吗？这些圆圈叫做'年轮'。可是你们知道它为什么有这个名字吗？这是因为树每生长一年，就会多出现一个圆圈。你们知道植物学家吗？他们专门研究草木，是很有学问的学者，这个结论是他们得出来的，这是绝对不会有错的。从小树在种子里抽芽开始每年加一个圆圈，直到它老死。知道这个道理后，就可以从年轮的数目知道老梨树的年龄了。"

保罗叔叔找来了一根针，这更方便他数年轮的圈数；艾密儿、喻儿和克莱尔在旁边仔细地看着。一，二，三，四，五……他们从树心开始数起，一直数到树皮，得到的结果是四十五。

保罗叔叔宣布了答案："这根树干的圆圈数目是四十五。你们谁能够告诉老

树干的断面与年轮

梨树的年纪？"

喻儿回答："这个太简单了，树一年会长出一个圆圈，我们刚才数了，一共有四十五个圆圈，那么这棵树的年纪就是四十五岁了。"

保罗叔叔赞许地说："没错没错！我刚才和你们说过，它会把自己的故事告诉你们，是的，这棵梨树的年龄是四十五岁。"

喻儿叫着说："要知道它的年龄太简单了，我完全可以像看着一棵树出生那样地知道它的年纪。树干上有多少圈就是多少年，所以你只要数一数树干上的圆圈就能知道树的年龄。叔叔，能不能把这些知识教给我们？其他例如橡树、榉树、栗树等树木也和老梨树一样吗？"

"是的，完全一样。在我们的地球上，每棵树木都是一个圈代表一年。所以要想知道它的年龄，只要数它的圈就可以了。"

艾密儿插嘴道："太可惜了，那天我们走在路上时，看到路边一棵大榉树被砍倒了。那棵树特别大，它的丫枝，能覆盖一大块田地。真后悔当时没有走过去数一数它的年轮，就能知道它有多大年纪了，那棵树那么大，年纪一定非常老了。"

保罗叔叔说："那棵树吗？它的年纪也不是很大，我数过它树干上的圆圈，一共一百七十个圈。"

"保罗叔叔，这是真的吗？有一百七十个圈？"

"是的，孩子们，是一百七十个。"

喻儿说："这么说来，那棵榉树有一百七十岁了，一棵树可以活那么大年龄吗？修路工人为了加宽路面，才会把它伐去，要不然，这棵树不知道还能再活多少年呢！"

保罗叔叔继续讲："一百七十年对于我们来说的确是很大的年龄了，不可能有人能活那么多年，可对于树木来说，这个年龄可不算长。孩子们，我们到树荫下面坐着聊，我还有很多关于树木年纪的故事要告诉你们呢！"

"塞尔有一棵栗树，它的树干外周一圈有四米多长。至于它的年纪，据可靠估计，它有三四百岁了。你们不要觉得奇怪，这只是我这个故事的开端；你们应该知道，为了引起听众的好奇心，讲故事的人总喜欢把最古老久远、最引人入胜的情节放在最后讲。

"在世界上，有很多著名的大栗树，像瑞士日内瓦湖畔牛夫·赛尔和蒙特利马附近爱沙的大栗树。前者近根处的树干周长约为十三米。一四〇八年时，有一位隐士住在树荫下。四百五十年以后，它的年纪越来越大了，其间曾经被雷击了几次。可它的树枝上都披满了绿叶，依然很强健。后者则被破坏得很严重。它已经没有了高枝；它的树干圆周长约为十一米，树干上有着老年人脸上的皱纹那样很深的裂缝。其实很容易就可以知道这两棵巨树的年纪，真正算起来，或许它们都有一千多岁了，可这两棵老树还结着满树的栗子，你们看，它们还不想死。"

喻儿插嘴说："如果不是叔叔亲口说的，我才不会相信，天哪！一千岁！"

叔叔把手指放在嘴边说："不要打断我的讲话，听完故事再说你的问题。"

"在西西里岛爱特那山的斜坡上有一棵栗树，它是世界上最大的栗树。你们有没有注意到欧洲地图下端的地中海中部有一块陆地，形状很像个靴子，这就是意大利，这是一个美丽的国家，在靴子脚尖的对面有一个岛，形状像一个三角形，这个岛是西西里岛，岛上有一座著名的火山——爱特那火山，那里的一棵栗树被人称为'百马栗树'。古时候，阿拉刚国的王后雅纳来参观这座火山，忽然遇到了暴雨，于是她带领着一百多人马来到这棵树下避雨。这棵树非常大，三十个人手拉手都无法把这棵树围抱起来。这棵树的树干周长在五十米以上。它的树干大得像一个炮台，甚至像一座塔一样。树干下面的裂口很大，两辆马车完全可以并驾齐驱地从那里穿过去，这样更方便人们采栗子。这棵树虽然年纪大了，可是它还有非常年轻的汁液，可以按时结出栗子，所以说，要估量大树的年纪，单看它

的大小是不科学的，这棵栗树太大了，它是由几棵栗树合并起来的，一开始的时候还可以分清，但日久年深，几棵栗树几乎快要融为一体了，就无法辨认了。

"在德国维登堡的纽斯塔特有一棵菩提树，它的树枝经过多年的生长，又长又重，没办法，只能用一百根石柱把它们支撑起来，它的树枝大到了可以盖住方圆一百三十米的地方。一二二九年时，它就被称为'大菩提树'，由此可见，这时，这棵树的年纪已经很大了，最少也有七八百岁了。

"十九世纪初，法国有一棵比德国纽斯塔特的巨大还要年老的树，一八〇四年时，在涂克斯·赛佛尔的却理宫附近有一棵巨大的菩提树，这棵树的树干圆周约为十五米。它的主要枝干有六枝，由于它们太重太大，所以分别被几根石柱支撑着，如果它能活到现在，就有一千一百多岁了。

"诺曼底阿洛维尔墓地有一棵法国最古老的橡树，它下面的土壤里到处埋葬着尸体，这样的黄土使它长得更加茂盛，它根部附近的圆周长有十米左右。一个隐士在它巨大的树枝中间盖了一座小木屋，小木屋的屋顶的小尖塔都无法碰到树枝。人们在树的下部空的部分盖了一座尊奉和平女神的小教堂，很多伟大的人物都会来到这个小教堂中，在老树荫下静静地做着祷告。这里无数次的挖墓填墓，都尽收这棵古老橡树的眼底。从它的大小看来，它至少也有九百岁了。它的种子是在公历一〇〇〇年时发的芽。到现在为止，这棵巨大的橡树仍然不需要借助任何外力支撑坚强地生长着，或许它还可以再活九百年。

白橡树

"还有棵更古老的橡树也很有名，一八二四年，一个樵夫来自阿顿尼斯，他砍倒了一棵巨大的橡树，在这棵巨大的橡树树干内，有用于祭祠的古瓶和许多古钱。也就是说，这棵老橡树的年纪大约活了一千五六百年。

"我还可以多给你们讲一些关于阿洛维尔墓地的橡树下死者的故事。这里是墓地，是人们长眠的地方，神圣而庄严，正因为如此，所以这棵橡树才没有受到人们的损伤，从而活了这么大年纪。有两棵水松生长在犹尔县海衣公墓内，在这里，它们受到了最好的保护。一八三二年，它们茂盛的枝叶给全部死者墓地和一部分教堂遮阴，没有受到严重的破环，在一次猛烈的大风暴中，它的几根枝叶被刮断。但即使如此，仍然不影响它们是巨大的老树。它们的树干已经空了，树干各自的周长约有九米。它们已经存活了一千四百年了。

　　"可就算这样，它的年纪也比有的水松的年纪要年轻一半。苏格兰公墓中有一棵树干周长为二十九米的水松，据有效查证，它已经存活了两千五百年。在苏格兰的一处公墓内也有一棵水松，在一六六〇年时，全国上下都知道了这棵树有多么巨大。当时人们算出它已经有两千八百二十四岁了。如果它现在还活着，就是三千年了，那么它当之无愧就是欧洲的树祖宗了。"

　　"我的故事讲完了，你们有什么问题可以开口问了。"

　　喻儿说："叔叔，我不知道该说些什么，你刚才讲的这几棵古老的树，让我兴奋极了。"

　　克莱尔问："叔叔，那棵苏格兰墓地中的老水松真的有三千岁吗？"

　　"是的。我再给你们讲几棵树的故事，这几棵树的年纪可是和人类的历史一样古老啊！"

十、动物的寿命

听了保罗叔叔讲的老树的故事，喻儿和克莱尔心中的惊愕始终没有消退，他们太惊讶了，那些树居然可以存活几千年，艾密儿的好奇心很强，他想了想，提出了另一个问题：

"叔叔，那么动物可以活多久呢？"

保罗叔叔回答："家畜的寿命并不是靠自然规律。我们让它们过度劳作，也没有给它们适当的庇护。还从它们身上榨乳，剪毛，剥皮，吃肉，做上述每一件事时，都是屠夫拿着刀立在棚舍门口做的。在这样的环境下生活，它们会活得久吗？这些可怜的小动物们为了我们的需要，而无时无刻地做着牺牲，这使它们无法活完自然赋予它们的寿命。在这里，我们且不说这一点，假定一只动物被养得很好，没有过度的疲乏和屠夫的恐吓，在没有饥饿或寒冷的环境下平和地生活着，它们能活多久呢？"

"先说说牛的寿命吧。假如这里有一头胸膛和肩膀都很粗健的牛，它有着大方额头和两只恶狠狠的角，在这对角上绕着轭架的皮带，它的眼睛里闪着强有力的光芒。这样的牛，寿命也许可以达到一百年。"

喻儿点点头说："我也是这样认为的。"

"孩子们，你们这样想就错了，不管那头牛多么健壮，它的寿命不会超过二十或三十年。在二三十岁的时候，我们还只是一个朝气蓬勃的年轻人，而对于牛而言，它已经垂垂老矣了。

牛

"再说马吧，你们有没有发现一个问题，我举出的动物都是强壮的动物，马和驴的寿命都只在三十或三十五年之内。"

喻儿惊讶地叫起来："天哪！我真的想错了。本来我还以为，马和牛那么强壮，最少也能活上一百年呢。"

"我说的话不知道你们能不能听懂，可是孩子们，我要说的是，至高的地位并不是平平安安长命百岁的方法。世界上有很多占住了至高地位的人，他们的身体不一定很强壮，他们看上去和普通人是没什么区别的，可之所以他们能占据高位，完全是因为他们虚伪和野心的占有欲。那么，这样的人可以活得更长久吗？这是一个疑问。我们要对自然赋予我们的自然寿命感到满足，要避开嫉妒的引诱、蠢笨的骄傲的进言，心中永远充满着无穷无尽的活力，这种活力是工作，而非野心。这些方法才能使我们活得更长久。

"再来继续讲动物的话题。相比之下，其他家畜的寿命则更短。一条狗在二十或二十五岁时，就无法昂首挺胸地竖起尾巴满大街跑了；猪的寿命在二十年左右；猫的寿命最多是十五年，这之后，它们就再也无法捕老鼠，只会缩在一个角落处，无声无息地死去；山羊和绵羊的寿命为十年或十五年；兔子的寿命为八到十年；而老鼠最多不会活过四年。

"你们想不想知道鸟类的寿命？没问题。鸽子的寿命是六至八年；鸡、珍珠鸡、火鸡的寿命是十二年。鹅的性情很好，它们什么都不在乎，所以它的寿命稍长一些，能活到二十五年，甚至更久。

"也有一些鸟的寿命会长一些，比如金翅雀、麻雀，这些鸟们每天都在空中和花草间自由自在地飞翔，吃几粒种子便知足了。它们的寿命比火鸡长，与鹅的寿命差不多。这些小鸟的寿命可以活得像牛那么久，至少可以活上二十至二十五年。刚才我和你们说过，在世界上占至高地位的，寿命可不一定长。

"最后再来说说人类的寿命，如果他过着正常的生活，那么他的寿命可以达到八十或一百岁，甚至一百岁以上。而人的平均年龄只有四十岁，如果可以活过四十岁，就是幸福的人了。还有，孩子们，不能单纯地用年龄来计算人类寿命的长短。那些为人类作出过杰出贡献的伟大的人，他们的寿命通常都很长。有一天，上帝把我们召去时，我们要带着别人对我们的尊敬和无愧天地的良心一起去。这样一来，不管我们什么时候死，都是长寿的。"

十一、锅垢

那天，老恩妈妈干了一天的活，疲倦地坐在椅子上休息。她把汤锅，小锅，灯盏，烛台，蒸锅，还有几个盖子从架子上搬下来。到池塘洗净上面的细砂和灰，又把它们晒在太阳底下。它们一个个闪闪发亮，反射着太阳光，像一面镜子一样。汤锅反射着玫瑰色的反光。里面燃着火，燎燎的红舌正往外吐着。烛台反射着耀眼的黄色。这样奇妙的景象让艾密儿和喻儿看呆了。

艾密儿说："汤锅到底是用什么东西做的，为什么会发出这么漂亮的色彩。锅的外面都被煤烟熏得焦黑，看上去非常丑；可它的肚子里真的太漂亮了。"

他的哥哥点头赞同地说："是啊！如果你去问叔叔，就一定能知道答案了。"

艾密儿点点说："没错！叔叔一定知道。"

他们立刻行动起来，马上找到了他们的保罗叔叔。当孩子们问保罗叔叔问题时，他是绝对不会拒绝的，他很乐意给孩子们讲一些事物的道理。

保罗叔叔说："制作汤锅的材料是紫铜。"

喻儿问："那制作紫铜的材料是什么呢？"

"哈哈！紫铜可不是人类制作出来的，它们很早就在某个地方形成了，和石头混在一起，让人们无法轻松辨认出来。世界上有很多种物质不是人类可以制作出来的，紫铜就是其中一种。由于人类工业的需要，大自然就把很多原质隐藏在地球的隐蔽角落里，找到它们以后，我们就能利用它们造福人类了。到目前为止，就算用尽人类最高端的知识和技术，我们还是没有把它们制造出来的能力。

"紫铜经常会隐藏在大山深处，人们在山里掘出深入地下的坑道，那些挖掘坑道的工人就是矿工，他们在灯光的照射下，拿着鹤嘴锄捣着，还有些矿工把捣出来的碎石块搬运出去。紫铜就隐藏在这些石头里，这样的石头叫矿石。人们把矿石放在特制的温度很高的火炉里。我们炼制紫铜的火炉，烧到最热的温度也没有电弧的温度高。紫铜融化后，就和其他物质分离开来，流出来了。然后人们再

用由水力电力或蒸气力发动轮盘转动而带动的大锤子一下又一下地敲打着铜块，使它变得越来越薄，把它打造成盆的形状。

"接下来的工作由铜匠来做，他们用小锤子敲着这种半成形的盆，在铁砧上把它们加工成形状规范的盆子。"

喻儿恍然大悟道："难怪铜匠整天都用锤子敲敲打打的。我从铜匠店前走过时，经常搞不懂他们为什么总在不停地敲，原来他们把铜敲薄，再用它制作出蒸锅和汤锅。"

艾密儿问："锅用的时间长了，锅底破了洞，这个锅不就没有用了吗？我听老恩妈妈说过，她把家里一只破了底的锅卖掉了。"

保罗叔叔说："他们把破了的锅回收去再次熔化，用熔化出来的材料再制作新的锅。"

"那些铜没有损耗吗？"

"铜的损耗当然很多了，孩子们，我们经常用砂纸擦它，这样就让它损耗了一部分；而且锅经常都要在火上烧，也会损耗一部分，而即使是这样，剩下来的材料还是可以再利用的。"

"老恩妈妈说灯盏的一脚坏了，所以她要换一个灯盏，叔叔，灯盏是什么材料做的？"

"灯盏的制作材料是锡，这种材质我们也没有能力制造出来，同样是在地球上找出来的。"

十二、金属

保罗叔叔继续说："铜和锡称做金属，这种物质重而发亮，在锤子的打击下只会变弯，绝不会断。世界上还有很多有着类似铜和锡的沉重、光彩与坚硬的物质，这种物质就是金属。"

艾密儿问："很重的铅是金属吗？"

喻儿问："那么铁呢？还有金子和银子，这些物质都是金属吗？"

"这些物质都是金属，它还包括许多别的物质。这些物质都有一种金属光泽，这个颜色很特别，铜是红的，金是黄的，银、铁、铅、锡都是白的，但它们的光各不相同。"

艾密儿问："老恩妈妈在太阳底下晒的烛台，颜色很黄，还闪闪发亮。它是金子吗？"

"它可不是金子啊！孩子，我可买不起这么贵重的烛台，那种物质是黄铜。人们可以改变金属的成分与颜色，于是经常把两种、三种或更多种的金属混合起来。他们把几种金属熔合成一种和从前的金属完全不同的新金属。把紫铜和白色金属锌熔在一起，就形成了黄铜。做成我们花园里的喷壶的物质就是锌。黄铜的颜色在紫铜的红色和金子的黄色之间。烛台是用紫铜和锌的混合物制作出来的。所以说，虽然它是金黄色的，但它可不是金子，只是黄铜而已。没错，金子的确是黄色且闪闪发亮的，但并不是所有黄色，且闪闪发亮的都是金子。有人在镇上的市集里卖假的金戒指，那个戒指的光彩完全能让人上当。如果真的是金子，一定值很多钱。可是商人卖得很便宜，那些假金戒指都是黄铜的。"

喻儿问："金子和黄铜的颜色和光泽既然相同，那么人们怎么辨认它们呢？"

"通常是用秤来分辨的。金子的密度比黄铜大得多；在常见的金属中金子的密度是最大的。然后是铅、银、铜、铁、锡，最后是锌，它在常见的金属中是最轻的。"

艾密儿插嘴说："你刚才说，要用一架特制的火炉熔铜对吗？它的温度特别高，比我们的火炉温度还高。不是所有金属都能像铜那样能耐住温度那么高的炉火的，我想起你曾给我讲过小铅兵遭难的故事。去年冬天，我把它们摆在一个温度不太高的火炉上。我刚一转身离开，兵队的前几个就跌进了火炉里熔化成一条铅河滚了下来。我急忙把它们抢救上来，也只救下了六个炸弹兵，而且它们仅存的几只的脚都已经被熔掉了。"

喻儿说："我记得还有一次，老恩妈妈一不小心把灯放在了火炉上，那个像指头一样大的锡脚一下子就熔掉了。"

保罗叔叔说："锡和铅在常见的金属中属于非常容易熔化的金属，我们火炉的温度就足以使它们熔化。要熔化锌需要的温度也不算高；但想要熔化银、铜、金和铁，需要的温度就非常高了，这样高温度的火炉我们家是没有的。要熔化铁需要的温度比熔化别的金属需要的温度更高，所以铁对于我们很有用场。"

"铲，钳，炉格，火炉，都是用铁制成的。这些东西经常都会放在火炉上烤，但它们不会变软，更不会熔化。要把铁放在砧墩上用锤子打出东西来，就要把铁放进火炉里，鼓起最大的火力，把铁烧红烧软。如果还是敲不动，就要把它再放回炉子里，但它仍然不会化掉。可见要把铁烧红烧软，要用到非常强大、猛烈的火力。"

今天早上，有几个铜匠走街串巷找活儿干，老恩妈妈把旧汤锅找出来卖给了他们。老恩妈妈又找出了在火炉上化掉脚的灯盏，让他们重新做一做，往两只紫铜锅子的表面再搪上一层锡。铜匠们在露天的地方生了一堆火，打开风箱使劲鼓着风：他们有一个大圆铁罐子，把旧灯盏放进去，旧灯盏不一会儿就熔化了，为了补足缺失的锡，他们又往里面加了一点锡片。锡熔成液体状态后，被倒进一只模型里，冷却以后，他们把它倒了出来，一个半成品的灯盏就完成了。这个灯盏个头非常大，他们把这个大家伙搬上了车床，车床转动的时候，铜匠拿着一具钢的东西的边放到了灯盏的旁边。一下子，锡的薄薄的刨屑像一圈圈的小纸屑一样滚了下来。一个光滑完好的灯盏就制作成功了。

然后他们就开始镀小铜锅。他们先把小铜锅的里面用砂纸擦干净了，再把它放在火上烧，等到铜锅被烧得很烫的时候，他们会把一小块锡裹在一块麻屑团里，把锅子里面全部仔细擦拭一遍。麻屑团擦过的地方，熔化的锡就都贴在铜锅壁上了。不一会儿，经过这一番擦拭，刚才内部还是红色的小紫铜锅，锅壁立刻变得雪白发亮了。

艾密儿和喻儿正在津津有味地吃着苹果和面包，他们目不转睛地看着这种奇妙的工作。他们很想知道，在小铜锅里镀上锡有什么好处。到了晚上，他们果然讲到了关于镀锡及镀其他金属的话题。

他们的叔叔说："把铁磨得非常干净后，它会非常亮，如果你们不相信的话，可以看一看一柄新刀的刀锋。但是如果把它放在潮湿的空气里，铁就立刻不再光亮，变得晦暗难看，身上还会披上一层像泥土一样的红皮，这就是——"

克莱尔插嘴说："铁锈。"

"不错，就是锈。"

喻儿说："花园里用大铁钉把铁丝钉住，这样牵牛花才能沿着花园墙垣往上爬。那些铁钉的身上也有这样的红皮。"

艾密儿补充说："我在地上看到过一把旧刀，身上也有这样的红皮。"

"就是因为那些大钉和旧刀被放在空气和潮湿中时间长了，才会生锈，潮湿的空气会腐蚀铁，和它发生化学作用，把它弄成这样。生了锈以后，铁的功能就无法好好发挥，这些锈就像一种红或黄的泥土，不仔细看的话，你绝对看不出这是金属。"

喻儿点点头说："是的，叔叔，我以后再也不把铁放在潮湿的空气里，这样它就不会生锈了。"

"许多金属和铁的情况一样，都是会生锈的，当把它们放在潮湿的空气里一段时间后，它们的表面就会生成泥土一样的东西。不同的金属锈的颜色也是不同的，铁的锈是黄色或红色的，铜的锈是绿色的，铅和锡的锈是白色的。"

喻儿问："古钱的锈呢？一定是绿色的了。"

克莱尔问："抽水筒嘴上的一层白色的东西，是铅锈吗？"

"是的。锈会使金属的外貌变得丑陋难看，这就是它们最大缺点：它能使金属失去光泽；而且它还有毒。也不是所有的锈都有毒，有的锈是无毒的，铁锈就是没有毒的，就算我们不小心把它们吃了，也不会有什么危险。而铜和铅的锈就是可怕的毒药了。如果我们不小心把它们吃进了肚子里，我们会非常痛苦，甚至会有生命危险。我们不说铅，因为铅是非常容易熔化的，不可以把它放在火上烤，所以厨房用具没有用铅制成的。我们这里只说铜的锈，我刚才说过了，铜的锈是一种毒性猛烈的毒药，可是厨房用具却有铜制的厨具，它毒性这样强，我们还在它里面做东西吃，如果你们不相信，可以问问老恩妈妈。"

老恩妈妈说："是的。可我把我的小铜锅保养得很好，用完之后就会把它洗干净，还经常给它镀锡。"

听到这里，喻儿有问题要问："今天早上锡匠做的工作可以能使铜锈变得无毒的物质是吗？这是为什么呢？"

保罗叔叔回答："锡并不能改变铜锈的毒性，他们这样做，是因为锡能防止铜锈的产生，锡在所有的金属中是最不容易生锈的，就算把它长期放在潮湿的空气中，它也不会生锈，就算时间太长真的生出一点锈，也和铁锈一样没有毒。想使铜不至于生锈，就要阻止铜与潮湿空气避免接触，还有一些如酸醋、油、脂肪等能使锈迅速生长的滋养物，都应该设法避开。所以才在小铜锅内镀层锡。虽然这层锡片很薄，但在它的覆盖之下，铜就无法和空气接触，当然也就不会生锈了，锡镀好了，这种金属不易生锈，而且就算生了锈，也对人无害。这层锡的薄片，把铜隐藏起来，使它不会生锈，这样它就不会变成毒药，混入食物中，使人们吃了以后中毒。

"人们也会在铁的表面镀一层锡，因为铁的锈是无毒的，所以说这样做的目的倒不是为了防止它生成毒药，只是因为不想让它生成的锈使它变得那么难看，这种镀了锡的铁被称为马口铁。人们用马口铁制成了盒盖，咖啡罐头，蒸肉盘，香烟盒等很多东西。其实马口铁就是在铁的表面披上薄薄的锡的外皮。"

"还有一种永远不生锈的金属，这就是金。在地下掘出数千年前的金币，还和当年没有制成金币之前的金一样光亮灿烂，在金币的表面，没有污秽也没有金锈，金是一种珍贵的金属，它不会被光、火、潮湿、空气所侵害。人们之所以用它制作首饰和钱币，也正是因为永久不变的光彩和它的稀有。

"而且，人类最初接触到的金属就是金了，这比人们发现铁、铅、锡等金属都要早。至于为什么人类认识金比铁还要早，理由就不知道。金不会生锈，而铁生锈太快，我们稍一不注意，铁的外皮就会变成像红土一样的东西。我刚才说过了，金子就算埋藏在最潮湿的地下许多年，始终是原封不变地直到给我们发现，如果也把铁放在金子的环境下相同的时间，那么它早就锈成了一种不成样子的泥土片了。喻儿，你现在回答我一个问题，从地下取出来的铁矿石是我们平时所见的纯粹的铁吗？"

"叔叔，我想不是的。因为如果是那样的话，它在潮湿的地下待那么多年，早就像一柄埋在地下的刀一样被腐蚀成了泥土一样的东西了。"

克莱尔说："我也认为弟弟的观点正确。"

保罗叔叔接着问她："那么金呢？"

她回答："金和铁不同，金这种金属永远不会生锈，而且不会被光、空气、潮湿改变样子。"

"没错，岩石里金子的含量很少，它灿烂夺目，就像珠宝商人的匣子一样。克莱尔的耳环与岩石里的金子的亮度几乎是一样的。可铁的情况就不同了，在同样的情况下找到铁的时候，它的形状毫不起眼，它就是一块红色的石头。必须经过长时间的搜寻，人们才发现里面有一种金属，这都是因为它的表面布满了看上去和泥土很像的铁锈。所以我们就难知道这块盖满铁锈的石头里面有铁。所以，要想把矿石分解，使铁恢复金属的模样，就要想一个好办法。孩子们你们想想，得费多大力气才能得到这样的结果？人们做了无数次没有结果的尝试。所以，铁的使用，远在金和其他铜银等金属的使用之后，铜银等金属在一般情况下都是混在纯粹的矿石里。而铁这种对人类用处最大的金属，却是在它们之后得到的。用了铁之后，人类的事业便得到大大的进步，成为了世界的主人。

"铁是几种最能耐劳的物质之一，而且它的抗破坏能力极强，所以铁对于人们来说非常宝贵。一个砧墩，不管它是金的铜的还是石头的，有可能像铁的砧墩一样可以经得起铁匠的锤子千百次的敲打吗？锤子的制作材料也是铁，别的材料是无法胜任这项工作的。如果它是由铜、银或金制造的，那么过不了多久，由于这些金属缺乏坚硬性，它就会被打平或是自身破裂，如果它是石头做的，那么在这么重的敲击之下，它立刻就会粉碎了，这项工作只有铁才能胜任。斧头、锯子、刀、石工的凿子、矿工的鹤嘴锄、农夫的犁头和许多别的家伙，那些工具是要割、砍、穿、刨、锉，发出或受到猛烈的打击，石头做不到。只有铁足够坚硬，可以分裂别种物质，也能耐得住任何其他质地的物体的打击。所以，在所有的金属中，铁绝对算是大自然送给我们的最珍贵的礼物。人们可以用它制作很多工具，是人类各种技术上和工业上的必不可少的材料。"

喻儿说："有一天，我和克莱尔读一本书，书上说西班牙人发现了美洲，'新大陆'的人用的斧头都是金的。他们非常开心地用自己的金斧头换得了西班牙人的铁斧头。我觉得他们太愚蠢，太可笑了，铁这么廉价，他们居然用自己价值连城的东西去换这块铁。现在想想，他们并不愚蠢，这个交易对他们来说并没有吃亏。"

"没错，交易对他们来说是否划算完全取决于这个物品对他们是否有用，他们可以用铁斧头砍倒大树，把大树的中间挖空了，用它做成独木舟或房屋，还能抵抗野兽的侵袭，或用它来猎取动物填饱肚子，这就是铁能带给他们的。相比之下，金斧头再价值连城，和铁斧头的作用相比，也只是一个中看不中用的玩具而已。"

喻儿问："在所有的金属中，人们几乎最晚才发现了铁，可是在这之前，人类是用什么工具代替铁的呢？"

"在发现铁之前，人类是用铜代替铁做兵器和工具的。因为这种金属有一种纯粹的状态，和金子一样，就像是大自然赠予我们的，所以更方便应用。可铜制的工具并不十分坚硬，它的实用价值自然无法和铁相提并论。所以，在古时候，人们都是用铜斧劳作的，那时的人类，能力还很弱。

"人类在用铜制工具前，能力更弱，他们会把一块石头打碎得很尖，把它缚在一根棒上，这就是他们的武器，而且也是唯一的武器。

"人类用了石头做的武器，得到了食物、衣服、房屋，也能用它来保护自己不被野兽伤害。当时，人们只在身上披一张兽皮，住在用树枝和泥搭成的茅屋里，以肉为主要食物，都是打猎得来的。他们根本不知道饲养家畜，大量空旷的土地都荒废着，也没有任何工业。"

克莱尔问："那么他们在哪里呢？"

"孩子，他们到处都有，这里就有，太古时就有，就算是现代最繁盛的市镇也一样。有了铁

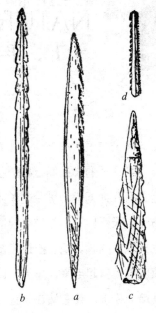

骨制的鱼叉（古代的武器）

的帮忙，人们在劳作时更加方便快捷了，我们才有了今天的幸福生活。人们虽然很孤独，可是大自然对人类却非常厚待，把铁这种金属送给了咱们，这个礼物是多么的珍贵啊！"

保罗叔叔刚讲完，门外就响起了敲门声，是杰克，喻儿一溜烟地跑过去开了门。

两人悄声说了几句话，他们说的是一件明天要做的重要事情。

昨天夜里，杰克和喻儿商量好，今天要做一件事。

几只羊的脚被捆上横卧在架子上的两块斜板上，这样它们就能安静地躺着。地上有几把钢刀。可怜的羊儿们都无奈地卧在斜板上，顺从地等待着它们悲惨的命运。天哪！它们是被杀掉吗？当然不是了！人们只是要剪它们身上的羊毛。杰克抓住羊的脚，把它拉过来放在剪羊毛架的两条斜板中间，拿起一把大剪刀，咔嚓咔嚓地剪起毛来。羊毛一团一团地从羊的身上掉了下来。剪完一只羊的毛后，就给羊松绑，让它站在一边，被剪掉羊毛的羊就像被人脱了衣服一样难为情地打着冷战。接着，杰克又把另外一只羊放上了剪羊毛架，操作着大剪刀开始剪起来。

喻儿说："杰克，能不能告诉我，你把羊儿们的毛剪掉后，它们会不会冷？刚才被你剪掉羊毛的那只羊，看上去很冷，在瑟瑟发抖呢。"

"放心吧，没事的，今天的天气很暖和，我特意找了这样的天气剪羊毛，明天它们就不会觉得冷了。而且，羊挨一些冻，让我们暖和一点，本来就应该这样啊。"

"我们暖和？和我们暖和有什么关系吗？"

"你上过学，这点知识你都不懂啊？人们可以用羊毛织袜子，纺出绒线，再用绒线织成毛衣，冬天的时候穿在身上就不会冷了，还能用它织绒布，再用绒布做出质量非常好的衣裳。"

艾密儿摇着头大叫起来："不可能！这些羊毛这么脏，怎么能织得出袜子、绒线和绒布？"

杰克点点头说："是的，它们现在是很脏，可是把它拿到河里洗净后，就会变成白白的，老恩妈妈就能用纺车把它们纺成绒线。再用针把这些绒线结起来，这就是你穿着的袜子。冬天下雪后，人们走在雪地上会很冷，穿上这样的袜子就不会再冷了，这样的袜子很受人们的欢迎呢！"

艾密儿说："我们袜子的线是红、绿、蓝和别种颜色的，可是我没有看见过红、绿和蓝的羊。"

"从羊身上剪下来的羊毛当然是白色的，人们把这些白色的羊毛染成各种各样的颜色：把药料和颜色放进沸水中，再把白色的羊毛放进去，煮一会儿后，把羊毛拿出来，羊毛就变成了染料的那个颜色了。"

"哦，那绒布呢？"

"绒布是用绒线织成的，把这样的绒线交叉着整齐地织成绒布，我们自己是无法完成的，就要用到复杂的机器和织机，在一些出产绒制品的大工厂里，才能看到那种机器。"

喻儿说："也就是说，我身上穿的裤子、外衣、围巾都是从羊身上来的？我身上穿着的都是从羊身上剥夺的吗？"

"当然了，因为我们要御寒，所以必须穿上绒织的东西，这样就不会感觉到冷了。这些可怜的羊儿们，把自己衣裳给了我们，用自己的乳汁和肉供养我们，人类还用它们的皮做成羊皮手套，你知道吗？我们的生活都在依靠着家畜的生命。公牛把它的气力、肉、皮奉献给了我们；母牛把它的乳给了我们。驴、骡、马为我们辛苦地劳作，它们死后，人们还要用它们的皮制造皮制用品。母鸡下蛋给我们吃，狗给我们看家护院。可以想象，如果没有了这些家畜，人们的生活会是多么的贫苦。可即使这样，还是有很多人会残忍地鞭挞它们，让它们吃不饱，睡不好，无情地虐待它们，那些人真是太没有良心了。每当我想起了这些家畜献给我们的一切，包括生命，我就想把我的面包分给它们吃。"

杰克一边说着，一边操作着那把大剪刀继续咔嚓咔嚓地把羊身上的羊毛剪落下来。

十六、大麻和亚麻

听了杰克所讲的羊绒线的事，艾密儿就把他的手帕翻来翻去地摸着，看着，认真地观察起来。杰克知道艾密儿想要问他的问题，说："手帕和麻布可不是羊毛制成的，它是用如棉、大麻、亚麻等植物做成的……具体的知识我也不太懂。我听人讲过棉，可是我可没见过。而且我也不能太专心地和你们说话，这样一不小心就会剪到羊皮上去的。"

由于喻儿的一再请求，于是晚上保罗叔叔讲起了我们身上穿着的衣料的真相。

"大麻和亚麻的茎杆的皮是由长的纤维组成的，非常精细、柔软、坚韧，人们用这些东西纺纱织成了布。然后再用这些草的皮把我们打扮漂亮。像麻纱、网纱、纱边、梅区绫纱边等奢华的布都是用亚麻做的；麻袋之类比较粗糙的布都是大麻做的。我们的衣服则是由棉花纺纱后织成棉布做的。

中国苎麻

"亚麻是一种草本植物，外形很细弱，花朵很漂亮，是蓝色的小花，每年种下后，都会有收获，出产地主要在法国北部、比利时与荷兰等地。在草本植物中，人类最早就是用亚麻织成布的。在四千多年前，埃及人都是用麻布包裹贵人的木乃伊的。"

喻儿插嘴说："木乃伊是什么？我怎么没听说过？"

"孩子，我告诉你那是什么，在任何时代，任何地方，人们都非常尊敬死者。人们把死者的灵魂看做是神，对死者非常尊敬，但由于时代、地域、风俗的不同，人们对死者尊敬的形式也有所不同。通常，人们都是把死者葬在墓穴里，墓穴上面立一块写有墓志铭的墓碑。如果死者是基督教徒，为了表示生命永存的圣意，就在墓穴的上面立一个十字架，这是现代世界公行的葬法。有的地方会把死者的尸体火化，把烧出来的骨灰虔诚地放在贵重的瓶里。在埃及，他们习惯于把死者的尸体保存在家里，把死者的尸体放在香料液中，

亚 麻

大 麻

为了防止尸体腐烂，还要用麻布把尸体紧紧裹住。这项工作他们做得非常细致且虔诚，甚至在几千年后的今天，我们还能在香木的棺椁里看到古埃及国王完好无损的尸体，只是由于日久年深，尸体早已变得干瘪发黑。这就是木乃伊（Mummy）。

"大麻也是一种草本植物，是一年生的，有刺鼻的气味，令人作呕，花是绿色的，但颜色不鲜艳，花朵很小，茎有两米高，很厚密。人们用它的皮和籽，这一点和亚麻是一样的。"

艾密儿说："我们就是用它们的种子喂金翅雀的吧？它们吃的时候，会用嘴把壳咬开，吃里面的小仁。"

"没错，小鸟们非常爱吃大麻的籽。"

"大麻的皮不如亚麻的皮精细。亚麻的纤维很细，在纺车上纺二十五厘米的麻丝条，纺出的线有四公里那么长。有的纱布能和蜘蛛的丝网相比了。

"大麻和亚麻成熟后，人们就会把籽打出后再把麻皮与麻梗分开，为的是要得到麻皮丝。所以接下来就要浸麻，为的是得到纤维，这样更容易与梗子分开。这些纤维被一种胶质紧紧粘在梗子上，很不容易分开，用水浸泡才能把那种胶质去掉。有时候，人们在浸麻时会把它们分布在田里，并经常把它们翻转一下，两星期后，麻皮就会和麻梗脱离开了。

"把亚麻和大麻捆在一起浸在池塘里是最快的方法了。它们很快就会腐烂，发出浓浓的难闻臭味儿，外面的皮就会脱落，而纤维具有特殊的抵抗力，并不腐烂。

"他们把麻捆解开，放在太阳下晾晒干，再把麻放在梳麻机的器具的牙齿上，使它们分开，为了剥取麻皮丝，就要把麻梗截成几段，最后再用一把名叫'麻梳'的大木梳篦清麻皮丝上的梗屑，在麻梳的铁缝中分出几条精美的线。这时，那些纤维就能用手或机械来纺了。再用纺成的线来织布。

"人们把纺好的线放在一台织布机上，把它们整齐地排列好，组成经线。织布人用脚踏着的一块板向下踩，一半的线就会沉下去，接着，另一半会升上来。织布人再用梭子上的线穿过经线的两半之间，先是从左到右，然后使经线的两半上下换位，梭子上的线再从右到左。这样的交叉纺织后，布就织好了。织完以后，那些大麻的皮就成了布，而亚麻的皮成了高贵的丝，价格很昂贵。"

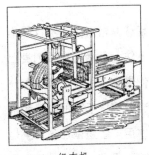

织布机

"在我们织布时，有一种非常重要的材料就是棉，棉是由棉树生产的，棉树是一种温带植物，是一种高约一米到两米的草本灌木。它的花心很大，是黄颜色的，里面有鸡蛋一样大小的棉团，都饱含着丝质的棉绒，由于棉的品种不同，所以有的棉团颜色雪白，有的棉团则为浅黄色。棉团中央的东西就是棉的籽。"

克莱尔说："这样的棉团我在春天好像也看到过，它们都是从白杨树和杨柳树上飞下来的，像下雪一样。"

"没错，它们的确非常相像。杨柳树和白杨树都有絮团，它们的絮团细小、长而尖，形状像果实，比针的尖端大三四倍。每年的五月份，杨柳树和白杨树的絮团成熟了，产生一团一团雪白的飞絮，种子就在絮的中央。如果没有风，这种飞絮从絮团里出来后会聚在树脚根畔，看上去就像一床雪白的棉绒被。但是如果有风，哪怕是很小的微风，那些飞絮就会带着籽被风吹到很远的地方，然后在停下来的地方抽芽生树。很多草类的种子也有这样丝质的毛，这样它们就能带着种子在空中飘扬，繁衍种族。你们都知道蒲公英和蓟吧？它们的籽就像丝绒一样美丽，它们也是这样传播种子的，你平时都很喜欢把蒲公英的种子吹散到空中吧？"

喻儿问："叔叔，杨柳树和白杨树里的絮绒，也能起到棉的作用吗？"

"这个当然不能了。那些絮绒非常短小，不仅采集起来困难，而且也无法在纺车上纺。虽然它在我们身上无法起到棉的作用，却给动物们带来了温暖，拿小鸟儿们来说吧，它们把这样的絮绒当做棉，把它们收集起来铺在巢里，能起到舒适保暖的作用。金翅雀在鸟儿里是最聪明的，它把巢筑得特别清洁和坚固。金翅雀用杨柳

草棉

和白杨的棉絮铺在几根小枝分叉的地方，又用在羊身上啄来的绒毛和蓟子上的毛冠，给鸟宝贝儿们做了一个像小碗一样舒适绵软的褥垫，小宝宝们睡在里边别提多舒服了。

"小鸟儿都是用这些轻松易得的材料来筑巢的。春天到来时，金翅雀可不发愁找不到筑巢用的材料。一只小小的鸟儿可没办法用非常高级的手段准备所需的材料，只要有柳絮、蓟子和路旁的荆棘，它们筑巢的材料就都有了，而人类则是利用自己聪慧的头脑和勤奋的劳作来得到各种东西，可以从很远的地方得到棉，可一只小鸟只能在就近的树林里找到棉絮来筑巢。

"棉团成熟后就会裂开，从棉绒里脱出软软的棉块，人们把这些棉块儿一团团地摘下来。在一块布上把棉绒铺好，放在太阳下晒干后，用打禾棒敲击，有条件的话，可以放在某种机器上轧，棉就能更快地与种子和壳分离开了，到此为止，所有的工序都完成了，这些大捆的棉就可以运到工厂里纺纱织布了。印度、埃及、巴西都是出产棉很多的国家，而美国则是棉产量最大的国家。

"一年内，欧洲工厂要用八亿公斤的棉。这个用量非常大，因为用可贵的棉绒织成的印花布、细棉布和白布非常受人欢迎，几乎全世界的人都会来购买。所以就有很多人做起了棉花生意，他们甚至可以从几千公里以外的地方搬来一团棉，这团棉远渡重洋，走过了小半个地球，来到了英国或法国，人们再用这些棉制造棉布，经过纺织，再在上面印上花花绿绿的图案，就成了漂亮的布，再把这些漂亮的棉布运过大海，卖给那些卷头发的黑人们做头饰。在这个生产过程中，它能产生的利润太大了。一开始，要种植棉花，然后要经过大半年的精心呵护，才能顺利收获。用一团棉花就能作为那些种植者和收取者的报酬，接着再卖给贩卖人，再被航海的海员运走，他们都能得到一些棉花作为自己的劳动报酬。于是纺工、织工、染工们都能用棉花作为自己工作的报酬，这个报酬就已经不少了，接着，又来了很多贩卖人，他们收购棉布后，一些海员把它们卖给世界各地的商人，然后那些商人再把这些棉布一米米地销售出去。如果那些棉花的价格不够高，那么中间这些人的利润，如何能负担得起呢？

"这样繁琐神奇的事业，需要大规模的集合劳动与机器这两种工业上的有力方法才能实现。老恩妈妈是如何在纺车上纺羊毛的，我想你们都曾经见到过。

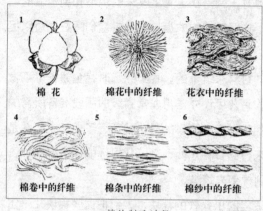

| 1 棉 花 | 2 棉花中的纤维 | 3 花衣中的纤维 |
| 4 棉卷中的纤维 | 5 棉条中的纤维 | 6 棉纱中的纤维 |

棉的制造过程

先把梳过的羊毛分成一卷卷的卷条。再拿出一个卷条，把它放在转速很快的钩子上，羊毛被钩子钩住，开始跟着钩子飞速旋转，这样，纤维就被绞成了一条线，用手指拿住卷条，把它拿正，线添着卷条变得越来越长。等线的长度足够时，老恩妈妈就会把它绕在钩子的上端，然后再拿出一卷羊毛，按刚才的流程绞羊毛。

　　"其实棉花严格地说是可以按这样的方法纺的。可是不管老恩妈妈的动作多么敏捷，从她在纺车上纺出纱，再用这些纱织成布，费的时间还是太多了，所以它的价值一定很贵。怎么办呢？鉴于这一点，人们就制造了专门纺棉花的机器。数千百架专门纺纱的机器整齐地排列在一间比教堂还大的屋子里，机器上有钩、锭子和纱管。所有的机器精确而迅速地同时转动着，使人眼花缭乱。这些机器在工作的时候会发出震耳欲聋的巨大声音。几千只钩子绞住棉花的绒絮。一个纱管到另一个纱管之间的纱看上去像是没有尽头一样，在锭子上滚着。几个小时的时间，那些棉就成了纱，它的长度足以绕全地球转几圈了。那些机器做出来的活儿等于好多个像老恩妈妈那样手脚麻利的纺工做出来的活儿，但是，它耗费的原料是什么呢？用煤把水烧热，用水的蒸汽推动机器，这样，机器的各部分就都动起来了。用这个最快捷最经济的方法把棉花变成布，所以一团棉花织成的一块白布，价钱很便宜，只要几角钱，中间赚得的利润还够那些种棉人、贩卖人、海员、纺工、织工、染工和商人的报酬。"

THE STORY OF NATURE

十八、纸

克莱尔的一个女朋友来找她，要教她刺绣，老恩妈妈赶紧去叫克莱尔，克莱尔听到老恩妈妈的呼唤非常不耐烦。克莱尔离开后，喻儿和艾密儿一再请求保罗叔叔不必等克莱尔回来，继续往下讲，他们会把听到的故事转述给克莱尔听的。

“亚麻、大麻和棉，尤其是棉，它的作用还不止在纺纱织布上，在我们把这些布穿得很破旧时，还能用这些破旧的废布做纸。”

艾密儿惊讶地叫起来：“用它来做纸？”

“是的，纸，就是我们用来写字、印书的纸。你那些四周镶着金边、有着漂亮图画的书籍，都是用那些破旧的脏布制成的。

“人们从街头的垃圾堆甚至更加脏污的地方收集了破烂的布块，然后把这些布块分出来，哪些布块可以用来做好纸，哪些布块能做来做粗纸。人们把这些布块清洗干净后，把它们放到机器里，在机器里被绞成碎片，再用磨石把它们磨成细末，放进水里，把它们搅成布浆，这种浆是灰色的，要用一些药品使它变成白色的。把这种药品放进浆中后，浆立刻就变成了白色，再把这些浆薄薄地铺在筛子上，滤去水后，这些布浆就成了像毛毡一样的东西。再用圆柱形的压力机把它压平，用别的机器把它烘干、磨光，纸就做成了。

“纸没做好之前，那些破烂的布片就是做纸的第一原料。这些破旧的布块被抛弃前，发挥过很大的作用，也吃过很多苦，受过很多折磨，人们清洗它时用腐蚀性的药物，还把它浸在强力的肥皂水中，再用木棒击打它，最后再放在太阳下暴晒，穿在身上的时候，被大风吹，被大雨淋也是经常有的事。这种布虽然精致，但也不可能经受得住洗涤、肥皂、太阳和空气等种种摧残。被当成废品丢弃后，还要被拿去造纸，受到造纸机器和药品的种种‘虐待’。可即使这样，它也能坚强地存活下来，摇身一变成为更加柔软而美丽洁白的一张纸。这些纸，把我们的思想记载下来。孩子们，你们现在知道了吧，这些从棉树上和大麻亚麻的皮上剥

下来的棉绒和丝都是最宝贵的材料，是人类知识进步的源泉啊！"

喻儿说："如果我告诉克莱尔，她那本美丽的银白色封面的祷告书就是用一些脏旧的破布块，可能是我们丢弃的破手绢，也可能是从泥里翻出来的不知道曾经用来做过什么的破布，我想她会惊讶得说不出话来的。"

"孩子，知道了纸的来历，一定会让克莱尔非常高兴的，我想，虽然她的那本精美的祷告书的出身非常低微，但它在克莱尔心中的价值一定不会减少。用卑贱的破布做成一张张漂亮的纸，再用这些纸制成书，书中储藏着尊贵的思想，这样伟大的奇迹都是缘于人类奇妙的技巧。孩子们，大自然创造了多少奇迹啊！植物长在粪堆上，就能生长出美丽的东西，这都是因为粪是玫瑰、百合等许多花儿不可或缺的肥料。所以让我们向克莱尔的书和大自然的花儿学习，找到自己存在的价值，不要为自己低微的出身而感到羞惭，世界上最伟大、崇高的就是精神的伟大与崇高，如果我们拥有了它，那么就算我们的出身非常低微，但我们的价值也不会低微。"

喻儿说："我现在知道纸是用什么东西制造出来的了。我还想知道怎样用它们制造出书？"

艾密儿肯定地说："叔叔你讲吧，就算听上一天，我还是会听得津津有味的，我已经放弃了我最爱玩的地汪汪和小铅兵，这都是为了听你的故事。"

"孩子们，要经过两重工作才能制造出一本书：首先要构思和写作，然后再把这些文字印刷出来。要写成一本书，就要把一个人的心里所想的事情写出来，这项工作困苦而严格。由于这项工作需要人全神贯注地去做，所以它消耗的脑力劳动比体力劳动要多得多。我和你们说这些事，就是希望你们了解书的制作过程后，能够懂得尊敬那些想着写着的作者们，他们希望能为你们的未来做些力所能及的事，让你们脱离无知的海洋。"

喻儿说："叔叔，我相信您说的话，要把心里想的事情用文字表达出来，的确是一件非常耗费脑力的事情，因为有一次我想给您写一封半张纸的信向您贺年，可是刚开始写就不知道下面要怎么进行了，由此可见，这是一件多么困难的事啊！写这样一封信，让我头发晕，脸发红，眼睛发直，哎！如果我的文法能学习得更好，写起信来就不会觉得这么困难了。"

"孩子，你的情况让我很担心，但是我不想骗你。文章是否能写好，主要并不在于文法。因为文法主要是教我们如何结合动词和它的主语，如何联结形容词和名词，还有与此相关的其他语法。由于文法是言语的规则，如果违反了它是最不好的事，所以我也曾经认为文法是最有用的，但学好了它，并不代表我们就能写好文章。世界上有很多人都是这样的情况：他们非常熟悉文法的规则，可是写文章时却和你一样，刚提起笔来就进行不下去了。

"言语从某个角度看就像是思想的衣服。我们不能把虚空的东西穿在身上，如果我们的思想里没有东西，那么就更不可能把它们写成文字。在头脑中理清了思路，才能把自己的思想用文字表达出来。头脑里有了比文法还要自然的思想和习惯，而且我们也知道言语的法则，这时才能写出好东西。但是，如果头脑里一点思想也没有，那么你怎么可能写得出什么呢？那些思想是从哪里来的呢？是从研究、读书，还有与比我们知识丰富的人们的谈论中得来的。"

喻儿说："那么我听了你给我们讲的故事，也是在学习写文章吗？"

"孩子，当然了。比如说，几天之前，我让你写一篇关于纸的来历的作文，哪怕只让你写两行，你能写得出来吗？不能，之所以会这样，是因为你缺乏思想还是缺乏文法？虽然你对文法知道的也不多，但这件事绝对不是因为缺乏文法，而是因为缺乏思想。"

"在这之前，我根本不知道纸是怎样制造出来的。现在我知道了，棉是从棉树的灌木果实里找来的棉绒。人们用这种棉绒纺成纱，再用纺成的纱织成布。我还知道了，织成的布用旧了以后，可以用机器搅成纸浆，再把纸浆铺成薄薄一层，压平，烘干后成为一张纸。我虽然知道了这些知识，可还是觉得无法把它们变成文字写下来。"

"不，孩子，不要这么认为，你只要把刚才讲给我听的话写下来就行了。"

喻儿不信任地说："难道你写书的时候，就是把你讲给我们听的故事写成文字吗？"

"当然了，只是由于讲话的时候速度太快，根本来不及思考，所以在写的时候，要检查一下语句是否通顺。"

"如果是这样，那么我就至少能在作业本上写出五行，内容是这样的：'棉是从一种叫做棉树的灌木的果子中得到的。人们用这种棉绒纺成纱，再用纺成的纱织成布。织成的布用旧了以后，再用机器把这些破旧的布块粉碎，用磨石把它磨成粉末，倒入水，把它搅成纸浆，再把纸浆铺成薄薄一层，压平，烘干后成为一张纸。'这样写可以吗？叔叔？"

保罗叔叔赞许地说："你这个年纪的孩子，能写成这样已经非常不错了。"

"可是，我写出的这些文字是不能放在书里的，对吧？"

"孩子，别那么认为，为什么不能呢？你刚才说的这些完全可以放在一本书里。而且，我们谈话的内容对于其他像你一样求知欲非常强的孩子有很大的帮助，为了让他们能学到更多的知识，我们要把咱们讲过的故事收集起来，写成一本书，让那些孩子们看看。"

"真的吗？叔叔，如果把这些故事写成一本书，那么我有空的时候就可以阅读你讲的故事了？如是那样的话，真是太好了，那么我曾经问过您的问题，您也要把它们写进去吗？"

"我当然会写进去，孩子，你现在知道了，你有强烈的求知欲，这是一个很好的品格，我对你的未来充满了希望。"

"可是叔叔，那些小孩子们看了这样的一本书，会不会笑话我？您想到这一点了吗？"

"当然不会了，孩子。"

"那么，能不能告诉那些孩子：我爱他们，他们太可爱了，我想拥抱他们。"

艾密儿插话说："还要和他们说：我希望他们每个人都有你送给我的那样可爱的地汪汪和小铅兵。"

哥哥提醒他说："艾密儿，你要小心了，叔父正想着怎么把你的铅兵都放进书里呢。"

"没问题，放在那里就可以了。"

二十、蝴蝶

天哪！它们真是漂亮极了！有的翅膀上有深红色的条纹，有的翅膀上有浅蓝色的黑圆圈，另一些是硫黄色而带有橘红色斑点的，还有的翅膀上是白的镶金边。它们的前额长着两只精致的触角，这是它们的两根触须，有的时候，它们看上去像是饰上的羽冠，有的时候，它们很短，看上去像是一簇毛毛，它们的头下面，有一根吸管，这是它们的嘴，非常细，像毛发一样，像一个螺旋那样弯曲着。当它们落在一朵花上时，那根长长的吸管就伸入花冠的中心，吸饱甜蜜的汁水。味道真是太美了！这时如果有人去碰触它们，它的翅翼立刻会失去光彩，你的手指上就会留下一种像贵重金属模样的粉末。

现在，保罗叔叔告诉了孩子们花园里飞着的几只蝴蝶的名字，他说："这只蝴蝶的翅翼是白色的，周围有黑色的镶边，上面还有三点小黑斑，它的名字叫白菜蝶。大一点的那只，它的翅翼是黄底黑条纹的，条纹一直延伸到了尾巴的尖端，一双铁锈色的大眼睛隐藏在它的翅膀上，上面有着蓝色的斑点，这样的蝴蝶名叫燕尾蝶。再看这只，它的上半部颜色是天青色，下半部是银灰色，一双黑色的大眼睛藏在白圈内，一条长长的红斑延伸在翅翼的边缘上，这样的蝴蝶名叫百眼蝶。"

保罗叔叔把这些漂亮的蝴蝶们当成飞近花儿的光明的太阳，认认真真地讲述着。

艾密儿说："百眼蝶特别不容易抓到，它的翅翼上长满了眼睛，哪个方向都能看到。"

"很多蝴蝶的翅膀上看上去像眼睛一样的美丽圆圈，那些圆圈名叫蝴蝶眼，但它们可不是真正的眼睛啊，只是蝴蝶翅膀上的装饰而已。它真正的眼睛长在头上，百眼蝶的眼睛数目和别的蝴蝶一样，也是不多不少，只有两只眼睛。"

喻儿说："克莱尔曾经和我说过，那些漂亮的蝴蝶都是由丑陋的毛毛虫变的，是这样吗？叔叔。"

　　"的确是这样，孩子。每只蝴蝶曾经都是一条丑陋的毛毛虫，终日蹒跚地爬行着，后来才蜕变成有美丽翅膀的美丽昆虫。你看那只白菜蝶，它以前是一条绿色的毛毛虫，整天只知道吃白菜的菜叶。杰克可以告诉你们，他费了多大劲才把这些可恶的小虫捉干净，从而使白菜不被它们吃掉。这些毛毛虫的胃口很大，这一点，你们一会儿就知道了。

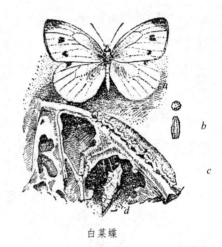

白菜蝶

　　"很多昆虫刚钻出卵来不久，都是毛毛虫那个模样，但这只是一个暂时的状态，它们还会变成另外的样子。这就好像它们出生了两次似的：第一次的出生并不完全，它们的外形很丑陋，样子又蠢又贪吃；第二次的出生使它们外形美丽，活泼、食量也小了许多。昆虫的初期是一条小虫，这样的小虫就叫'幼虫'。

　　"我曾经给你们讲过吃木虱的狮子，你们还记得吗？就是躲在玫瑰树上吃木虱的小虫子，它的食量非常大，要吃好几个星期，几乎一刻不停地吃，好像它的肚子永远也吃不饱似的。这条小虫儿就是一条幼虫，过不了多久，它就能变成另外一种有翅翼的样子，就是草蜻蜓，它的翅翼像细纱一样，有着金黄色的眼睛。身上有着美丽的黑色斑点的红瓢虫，看上去可爱极了，却能吃很多木虱，这只美丽的瓢虫在蜕变之前，样子很丑，是瓦色的幼虫，身上还有很多尖刺，这时它也很喜欢吃木虱。还有一种蠢笨的六月虫，如果用一根线绑起它的脚，它就会使劲伸出翅翼，摆出预备起飞的架势，发出'飞、飞、飞'的声音。这种虫最早是一条臃肿得像片猪肉的白色幼虫，在地底下生活，以咬食植物的根为生，它们的这种行为把我们的谷物都毁了。还有一种大鹿角虫，头上有两只像鹿角那样的角，这种小虫早期也是一条大幼虫，在老树干里生活。还有一种长着奇怪的长触须的山羊虫，和它的情况很像。樱桃成熟的时节，树上有一种很惹人讨厌的虫儿，它也会蜕变，会变成翅翼上饰着四块黑绒般的东西的飞虫，还有很多别的小虫儿，情况都很相像。

"昆虫在最初形式，就是小虫的形式时，叫做'幼虫'。从幼虫变成成虫的这个神奇的过程，叫做'蜕化'。这些丑陋的小虫经过蜕化，就能变成翅翼上有着最华丽色彩的美丽蝴蝶，这时的样子非常讨人喜欢。那只百眼蝶有着天蓝色的翅翼，样子好看极了，但它最早只是一条丑陋的毛毛虫；华丽的燕尾蝶曾经只是一条背上有黑色的交叉长条纹，两旁有红的斑点的绿色毛毛虫。这些丑陋的的幼虫蜕变后的样子太美了，只有花朵的艳丽才能和它们比一比。

"灰姑娘的故事你们都听过吧？她的几个姐姐都很傲慢，把自己打扮漂亮去参加王子的舞会了。灰姑娘却只能留在家里做家务。这时仙女出现了，告诉她说：'你去花园里摘一个南瓜搬过来。'一瞬间，那个被仙女剖开的南瓜被仙女的法术变成了一辆金碧辉煌的马车。她说：'灰姑娘，去把捕鼠机打开。'从里面跳出了六只小老鼠，它们被仙女的法术棒一点，一下子变成了六匹有着灰白色斑点的漂亮的马。仙女点了一下生有髭须的老鼠，它一下子变成了大车夫，嘴上的两撇髭须仍然在，看上去神气极了。仙女又点了一下六只睡在水罐后面的蜥蜴，它们立刻变成了六个穿着绿色衣裳的仆人。他们走到了马车的后面。还有一件最重要的事，就是灰姑娘的那身破旧的衣衫，仙女点了一下它的破衣裳，灰姑娘的衣裳立刻变成了闪耀着宝石光芒的华丽服装，光彩照人，看上去像是金银做成的那样。灰姑娘坐上了南瓜马车，穿着那双仙女变出的玻璃鞋子去参加舞会了。接下来的故事，你们都知道得很清楚了。

"这个仙女本领太强了，她把小老鼠变成了马，把蜥蜴变成了仆人，把破旧的衣衫变成华丽的礼服，这个仙女的神奇本领，使你们称奇。那么，孩子们，你们知道他们是谁吗？其实这些神奇的事物就在我们身边，那位伟大的'仙女'就是大自然，是大自然把丑陋得令人厌恶的小虫改造成令人目眩神迷的美丽昆虫！它也有一把圣杖，它用那把圣杖点了一下丑陋的小毛毛虫，就出现了像灰姑娘故事中那样的奇迹：令人厌恶的丑陋毛毛虫一下子变成了金光闪闪的硬壳虫或漂亮的蝴蝶，它那那蔚蓝色的翅膀看上去比灰姑娘那闪着光芒的华服更漂亮呢！"

二十一、食客

"昆虫是卵生的，它们以这样的方式繁殖后代，它们会找合适的产卵地，使这些小虫自己能孵化。刚从卵中孵化出来的小虫叫做幼虫，非常软弱，它们得自己移动来寻找食物和住处。所以说，它们可以算得上是这世界上最困苦的幼小生命了。它们才刚刚出生，它们的妈妈就死了，所以它们只能靠自己生存下去。你们知道吗？在昆虫的世界里，父母大都是这些小虫孵化出来之前就死去了，那些小幼虫自己照顾着自己，几乎一刻不停地吃着，把这当成一项事业去做，因为它们要生存下去，必须多吃东西，这不仅是为了使自己的力气增加，还要让自己达到一定的肥胖程序，这样日后才能顺利地完成蜕变。孩子们，在众多昆虫中，还有一种昆虫，它长到最后完全的形态后就不再生长了，这使你们非常惊讶吧？例如蚕蛾，在它长到完全状态不再生长后，它甚至也可以不需要吃什么东西了。

"猫刚生下的时候，小得一只手就能把它攥住，是一只鼻子颜色淡红的小东西。一两个月后，它的皮毛长完全了，就成了一只可爱的小猫。它一天到晚只知道玩，谁在它面前丢一张纸片，它都会蹦蹦跳跳地跑过去用它那灵活的脚掌去抓纸片。一年后，它就长成了一只大猫，这时的它可以耐心地等候着恰当的时机把老鼠捉住，或者在它的房间里和它的敌人打架。不管它是一只小得一只手就能把它攥住，连眼睛都张不开的小家伙，一只整天只知道玩的小猫，还是一只会捉老鼠、会和敌人打架的大猫，它的外形始终是一只猫的样子，不会有大的变化。

"可昆虫就不一样了。你们看到的那些蝴蝶形的燕尾蝶，它们可不是刚生下来时小，生长一段时间后大一些，最后个头更大。当它蜕变成功成为蝴蝶后，它的个头就永远是那么大了。当那只'六月虫'从地下做幼虫的地方第一次爬到阳光中来，它的外形就永远不会再改变了，永远都会保持我们看到的那个样子。世界上有很小的小猫，但不可能有很小的燕尾蝶和小的'六月虫'，它们蜕变成功后，一直到死，外形都不会再有任何改变了。"

喻儿对此表示反对："以前，我在黄昏时看到过小六月虫正绕着杨柳条飞。"

"这种六月虫和你看到的不一样，它们的外形永远不会再改变了。它们不会长得像一只你见过的六月虫那样大，这和猫的外形很像老虎的道理是一样的，可即使它们相像，猫再怎么长，也不可能长得像老虎那么大的。

"幼虫都是独自生长的，刚从卵中孵化出来的幼虫外形细小，然后慢慢长大到成虫大小。这时，它正在为蜕变积聚必需的材料，使自己能更快生长出翅翼、触须、腿。那种大绿虫住在烂木头里，有一天会蜕变成一只鹿角虫，那么，它的那只巨大的丫叉长角和成虫身上所穿的粗糙的带刺衣服是用什么材料制成的呢？山羊虫的幼虫的长触须是用什么东西做成的？燕尾蝶的大翅翼是毛毛虫用什么东西做成的呢？毛虫、幼虫和小虫儿用它们贮藏在体内的一部分维持生命的材料做成了它们蜕变之后所必需的身体零件。

"如果那些淡红鼻子的小猫，刚生下来的时候没有耳朵、脚爪、尾巴、毛皮、髭须，只是一团小肉球，一段时间后，它进入长时间的睡眠，在这期间，它就得到了耳朵、脚爪、尾巴、毛皮、髭须和身体上的许多东西，那么要完成这个过程，是不是要在动物身上的脂肪里预先积聚起必要的材料呢？即使是小猫髭须上的最纤细的一根毛发，也是依靠动物身上的能量生长出来的。

"这就是幼虫，它没有成虫拥有的所有东西，所以它想要蜕变，就要积聚起所需的材料。它们吃大量的食物首先是为了自身的生存，还有就是为了蜕变需要的营养，这种蜕变和重造一个没有什么区别。所以幼虫的食量非常大，好像吃就是它们唯一的工作一样。它们几乎一刻不停地吃着！如果现在少吃一点，将来蜕变成蝴蝶的时候，它的翅翼上可能就会缺少一块鳞斑。所以它们拼命地吃，使身体逐渐地变大，长胖，变得越来越臃肿起来，这也是幼虫的责任。

"有的幼虫会攻击植物；它爱吃嫩叶，爱吃花儿，更爱吃果实的肉。有一些幼虫的肚子非常强健，连木头都能消化掉。它们把树干钻出大洞，用锉、咬的方式把最坚牢的橡树和柔软的柳树粉碎掉。还有的幼虫喜欢吃腐烂的尸首，把那些动物的尸体吃进去。还有的幼虫喜欢到粪堆处找排泄物吃。它们是地球上的清道夫，做着清洁积垢的工作。如果你想到它们把粪堆当成美味，或许你会恶心呕吐出来。可是最最重要的事务都是由这些肮脏的食客来完成的，它们清除了污秽，给生命带来了有机成分。它们虽然吃了很多肮脏的东西，可大自然就像是要报答它们一样，让这些可怜的幼虫有朝一日蜕变成一种美丽的飞虫，它的光彩比擦亮的紫铜还要美。还有一种硬壳虫，像麝香一般带着好闻的香气，还有美丽高贵的外表，那模样都可以和黄金珠宝一争高下了。

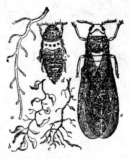

葡萄虫

　　"这些幼虫做着公共卫生的工作，但不要忘了，这些食客也给我们的庄稼带来了重大的损失。六月虫的幼虫生活在地下，靠剥蚀植物的根为生，它们齐根咬断植物，使植物无法再生长。种树人的灌木，农夫的谷物，园丁的花草，本来都是非常茂盛繁荣的，可是突然有一天，它们全都枯死了。那些幼虫在地下经过的地方，地上的植物都死光了。这样的损失恐怕比火灾还要可怕。

　　"有一种黄虱，个头小得可怜，不仔细看根本无法辨认出它们。它们生活在泥土下面。以吃葡萄的根为生，所以它们又被称为'葡萄虫'，这样的葡萄虫灾，能毁灭整个葡萄园。

　　"还有几种小得一粒麦粒里可以趴好几条的小虫子，它们生活在谷仓里，把麦粒的中心部分都吃光，使麦粒只剩麸壳。还有的小虫儿以吃紫苜蓿为生，它们经常使割草夫毫无收成。

　　"有的小虫生活在橡树、白杨、松树以及其他大树里，它们以吃木头的心为生。

　　"有一种小虫能够变成扑火的白蛾，它们在蜕变之前喜欢吃衣服，把我们的衣服蛀成碎片。有的小虫喜欢把壁板和旧家具蛀成粉屑。如果让我一直往下讲，这样的例子还有很多。

　　"这种小虫，我们一向很轻视它们，可就是这种卑微的昆虫，却能给我们带来这么大的麻烦，由此可见它们的厉害之处，这都是因为幼虫大得惊人的胃口，所以说，对于这些幼虫，人们应该给予足够的重视。如果任由一条小虫成功地成倍繁殖，那么过不了多久，全世界都会出现大饥荒。可是我们现在还不知道应该对它们多加注意。

　　"假使你没有充分认清你的敌人，那么你该如何进行防御呢？我非常希望能够有更好的办法来治理它们。

　　"孩子们，等我把这些吃客的知识给你们讲完后，你们要记住叔叔的话：昆虫的幼虫，是全世界上的大食客，它们也是给地球带来便利的清道夫，它们的进食，一方面结束了死者，一方面又在迎接着生命的到来，世界上的任何东西几乎都要从它们的肚子里走一遭的。"

"幼虫种类不同，所以它们蜕变时间也不同。那个时间就是幼虫觉得自己已经有了足够度过蜕变时的危险的强大力量。它把自己的责任做得非常到位，把肚子装得非常满。它为了自己和蜕变成成虫这两个重大目的而大量地进食。吃够了后，它要停止吃东西了，找一个安静的处所暂时与世界告别，进入死一般的睡眠中，这个过程就是它的第二次诞生。它们有千百种方法可以帮助自己预备这样的一个安静的睡所。

"还有一些幼虫，它们安睡的方法就是简单地把自己埋在地下，有的会给自己挖一个个四壁光滑的洞；有几种虫的安睡场所就是枯树叶；有的虫用沙粒、烂木屑或泥土粘出一个空球，把那个空球的里面当做安睡的场所。有的小虫住在树干里，它们用木屑的栓子把两端挖空的洞塞好；住在麦粒里的小虫，吃麦粒内的粉质时很小心地避开麦粒内的四壁或麸皮，把中心的粉质吃光后，这个麦壳就可以成为它的安睡窝了。还有的小虫并没有预先准备好的地点，只在树皮和墙垣的空隙里随便找一个地方，用一根丝绕住身体，例如白菜蝶和燕尾蝶的毛毛虫，都是这样的。但有一种幼虫本领非常大，它会为自己特别造起一间丝做的房子，也就是它的茧，住在这个茧里面。

"有一种大小和我们的小指差不多的灰白色的幼虫，是人工饲养的，这样可以使它们制出更多的茧，人们从这些茧上得到丝，用这些丝制造丝制品，这种虫叫做蚕。人们把许多张芦席放在几间非常清洁的房间里，在芦席上放着许多桑叶，蚕宝宝就可以从卵中孵出来了。桑树是一种很大的树，由于这种幼虫只吃桑叶，所以要养蚕，就必需种桑树，蚕只吃桑叶，所以桑树身上

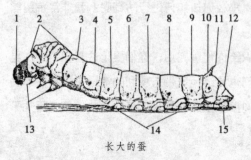

长大的蚕

最有用处的地方就是桑叶。养蚕的人家，会把许多土地都用来种桑树，蚕的工作非常伟大，它的幼虫吃着桑叶，要经常换新鲜的桑叶放在芦席上让这些小虫吃，蚕宝宝们会在不同的生长阶段蜕换下它们的皮。它们的食量很大，牙齿吃桑叶的声音也很大，因为一间屋子里有几千条蚕在吃桑叶，听上去就像是寂静的夜里雨点落在树叶上的沙沙声响。蚕长大大概需要四五个星期的时间。到它们快结茧子时，人们就会在芦席上放上草把，这样就能让它们顺利'上山'。它们排着队钻进草把中间，身上带着很多非常精致的丝线，为了支撑它们笨重的身子，那些丝线被筑成网状，而且筑茧可是一个大工程，这些网状的丝线就可以作为这个大工程的架子。

"丝是从蚕的嘴唇下经过一个洞吐出来的，这个洞名叫吐丝洞。丝质在蚕的体内是一种像橡树胶一样很厚而黏稠的流汁，它从蚕的嘴唇流出来的时候，那些流汁像根丝一样一截一截相连地抽着，被风一吹就会硬起来。桑叶里有造丝的材料，蚕吃了它们会吐丝就和奶牛吃了牧草能挤奶的道理是一样的。如果没蚕的帮忙，人类自己可没办法从桑树中提取出丝，得到这些珍贵的服装材料。我们身上穿的质量上乘的丝织品，都是通过蚕吃桑叶再吐出来的丝制作出来的。

"我们现在再看看网里的蚕。现在，它正在茧里忙碌着，头不断地上前、退后、升起、落下地动着，从它的嘴唇里不断地吐出一根细丝，用那细丝把自己的身体围绕起来，和丝架粘在一起，最后形成一个像鸽蛋那样大小的小袋子。这个丝质的小茧最开始是透明的，人们可以看到蚕在里面工作的情形；慢慢地，这个蚕茧越来越厚，就无法看到里面的情形了，它应该仍然在里面不停地工作着，不断地吐出丝来，使它的茧内墙壁更厚，一直到把肚子里的丝汁全部吐完它才会停止。等到它把丝都吐尽后，它也要孤单地

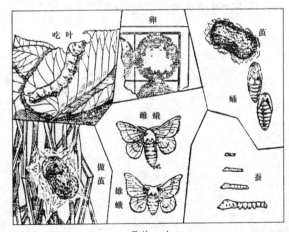

蚕的一生

缫丝

告别世界，安静地等着即将到来的变形。蚕宝宝出世后这一个月的生命一直在为蜕变做准备，它几乎一刻不停地吃着桑叶，把自己的身体喂得肥胖起来，最后吐丝作茧后，身体又变瘦了，这样才能使它顺利地变成一只蛾。这段时间对于蚕来说太重要了。

"孩子们，在这个过程中，人类也是尽了很大的力的，蚕儿'上山'筑完茧子后，人们就会粗暴地把茧摘下来卖给制丝商。制丝商把这些茧放在烘炉里，用沸水杀死茧内即将成形的蛾，其实这时茧内的蛾，它的软肉已经形成。如果再等很短的一段时间，它就能戳破茧壁钻出来，但这时，那只茧的里面的丝都断了，就不能缫丝了，人类就会受到损失。把这些工作做好以后，别的事就不着急了，可以有空儿的时候再做。有一种名叫缫丝厂的工厂，专门负责缫丝，这些茧子就是被运到这里缫丝。人们把茧子放在沸水里，使阻止缫丝的胶质能充分地溶化掉。一个手拿小草帚的工人，用力在水中搅动着，这是为了找出丝的头，再把它放在转动着的缫车上。机器转动着，丝都缫在了车上，那个茧则像有人拉着一团绒线球上的线头一样，不断地在热水中跳跃着。

"茧子缫完后，它中间的茧蛹，早就被沸水烫死了。缫好的丝还要经过很多工序的加工才能更加柔软而光泽，再在染缸里染成各种所需的漂亮的颜色，最后，再用这些漂亮的丝织成丝绸。"

二十三、破茧

"蚕儿躲到它的茧里后就会像死了一样干瘪萎缩起来。一开始，它背上的皮会裂开，然后蚕会用力地把它扯下来，这层皮脱下来以后，头壳、牙床、眼睛、腿、胃等每样东西都会被它扯去，这些脱掉的旧皮，会被它丢弃在茧的一角。

"这时，丝袋里的是另一条蚕虫儿还是一只蛾呢？其实这两样都不是。丝袋里的东西像杏仁一样，一头圆，另一头尖，外观看上去像皮革一样，这个东西就叫蚕蛹。这是从蚕虫到蚕蛾的中间过渡形态。从这个蚕蛹的外形就能看出将来成虫时的样子：从圆的一头可分辨出两根触须，在蛹的背上也像是交叉着两撇翅翼。

"六月虫，山羊虫，鹿角虫还有别的一些硬壳虫，要经过的过程都差不多是这样的，而且形状比蚕蛹的形状更加明显。头、翼、腿等各部分贴在两旁，极容易辨认。它们软而白，透明得像水晶一样，但它们却不能动。这种成虫的雏形叫'活动蛹'。其实只有蝴蝶类才会叫'蛹'，这是它们的专用名词。而别的昆虫则用'活动蛹'这个词，两者的意思是一样的，但状态却有些不同。两者都是昆虫在形成中的一个过程，昆虫一开始被包在襁褓里，在这里，它完成了一个神奇的蜕变，一个使它从头至脚全部改换的过程。

"两星期的时间内，只要温度合适，蚕的蛹就会裂开，就像熟透的果子那样，从裂开的壳内，爬出一只很狼狈、很潮湿的蚕蛾，它的腿颤抖着，它还不能立直腿。所以，它要在新鲜空气中增加体力，并让它的翅翼在空气中快速风干。它要从它的茧中钻出来，可是它要怎么钻出来呢？那茧子被蚕筑得多么结实，那只蚕蛾看上去太小、太柔弱了，怎么可能钻得出来呢？这个可怜的小家伙，就要死在里面了吗？太不值得了，它费了那么大劲筑成了那个茧，结果却会死在里面。"

艾密儿问："用它的牙齿把茧子咬破不就

蚕 蛹
左：腹面；中：侧面；右：背面

行了吗？"

"这主意当然是不错，可是它没有牙齿啊！它只有一张长嘴，可是这张长嘴一点力气也使不上。"

喻儿想了想说："用它的爪子呢？"

"如果它有很锐利的爪就好了，可惜它根本没有啊。"

喻儿说："可就算现在没有，以后总会长出来的。"

"是的，它的确是会长出来。可是每一个动物在刚出生的时候都是最脆弱的时候。拿小鸡来说吧，它要从蛋壳里出来时，就要靠自己的力量把它的蛋壳啄破，为此，小鸡的嘴有一个很硬的尖头。可是蚕蛾没有这样坚硬的东西破它的茧，它破茧的工具是你们绝对猜不到的，那就是它的眼睛。"

克莱尔惊讶地大叫："眼睛？"

"没错，就是它们的眼睛，昆虫的眼睛上有一顶尖角帽子，是透明的，非常坚硬，而且是多角面的。这种尖角帽子在显微镜下才能看到，它们非常细小，虽然很细小，但非常尖，破茧的时候可以用它当做一柄锉。蚕蛾在攻击的地方吐一口唾沫让这个地方潮湿、变软，再用这把小锉，推、钻、擦。在这把锉刀下，茧上的丝一根根断开。终于钻出了一个洞，蚕蛾从茧里面出来了。对此，你们有什么感想？动物们是不是非常聪明，它们的智慧恐怕连人类都要自叹弗如。人类谁会想到用眼睛来钻开墙壁呢？"

艾密儿问："蚕蛾一定是想了很久，才想出这样一个聪明的方法吧？"

"这倒不是，孩子，蚕蛾并不需要思考，它们遇到困难时，立刻就能知道怎样解决。

"蚕蛾长得可不漂亮，它通体白色，肚子很大，身体笨重。可不像蝴蝶那样可以轻盈地在花丛间飞来飞去，因为蝴蝶要采粉。可蚕蛾可不一样，它不需要吃东西，从茧里钻出来后，就会产卵，把卵产完以后，就死了。蚕的卵被称为蚕子，这个名字非常适当，因为动物们的子叫做卵，而植物们的卵叫做子。卵和子是一个样的，人们在缫丝的时候并不把所有的茧子都放进沸水里煮，会留出几个茧子，养出蚕蛾，从而得到卵或子，使这些子孵化出新的蚕宝宝来。

"所有要蜕变的昆虫，都会经过我刚才说的卵、幼虫、蛹或活动蛹、成虫这四个状态。成虫产卵，又开始了新的生命循环。"

一天早上，老恩妈妈给前不久孵出来的一窝小鸡，切了草，煮了苹果给它们吃。一只灰色的大蜘蛛顺着它的蛛网从天花板上滑下来垂到老恩妈妈的肩上。老恩妈妈看见了这只大蜘蛛，吓得惊叫起来，使劲摇晃着肩膀，蜘蛛被她抖落到地上，老恩妈妈上去一脚就把它踩死了。她说："蜘蛛见在早，披麻还戴孝。"这时，保罗叔叔和克莱尔走了进来。

老恩妈妈说："主人，糟了，我太可怜了，被这么可怕的蜘蛛吓倒了。那十二只小鸡都孵出来了，它们太可爱了，颜色黄澄澄的像金子一样。我刚才正在给它们预备吃的东西，这只蜘蛛就掉到了我的肩膀上。"

老恩妈妈用手指向地上的那只蜘蛛，已经被她踩死了，但它的腿还在颤抖着。

保罗叔叔说："这只蜘蛛怎么会让那些小鸡出什么事呢？"

"真的，主人，现在好了，它已经死了，你知道这个俗语吗？'蜘蛛见在早，披麻还戴孝，蜘蛛见在晚，快乐而开怀'，这个道理大家都知道，一大早看到蜘蛛可不是一个好兆头，一天都会倒霉的，也就是说，我们的小鸡会有不好的事发生，可能猫会来抓它们。主人，你不信的话可以等着看，一定会有什么坏事发生的。"

老恩妈妈激动得眼泪都要流下来了。

保罗叔叔说："把小鸡放在安全的地方，让猫不能接近就行了。那句关于蜘蛛的俗语，都是一些愚蠢的人胡说八道的。"

老恩妈妈听了保罗叔叔的话不再说什么了，她知道保罗叔叔知识广博，而且经常赞美蜘蛛，克莱尔觉得保罗叔叔马上就要开始赞美蜘蛛了，就鼓起勇气问：

"叔叔，我知道在您的眼中，不管多么卑贱的动物，

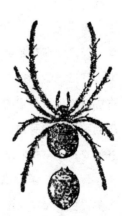

蜘　蛛

蜘　蛛

一、蜘蛛；二、蜘蛛头部；
三、丝囊；四、蜘蛛的爪。

你都会用一些道理为它们辩护，它们的存在都有大自然的道理，它们都有很大的功劳，它们的身上有很多值得人类观察和研究的特点。你是这些动物们的辩护律师，即使是癞蛤蟆，你也愿意站出来为它辩护。但我认为，你为它们辩护，只是因为你的心太善良了，但你为它们辩护的话并不都是事实。这只蜘蛛有毒，是非常可怕的动物，而且它还在天花板上织了很多网，对于这样的动物，你也要赞美吗？"

"孩子，我有很多话要告诉你们。但是，你要看好小猫，还要把小鸡保护好，这样就能证明蜘蛛俗语是错误的了。"

晚上，老恩妈妈戴上一副大眼镜，在灯下织着袜子。小猫蜷缩在她的膝上美美地睡着了，钟在嘀嗒嘀嗒地走着。孩子们都在等着保罗叔叔讲蜘蛛的故事。

"蜘蛛的网织得很整齐，通常织在谷仓的一角或是两棵灌木之间。孩子们，你们谁知道，蜘蛛为什么要织网？"

艾密儿抢着回答："叔叔，我知道，它们织的网是它们的巢，是它们躲藏的地方。"

喻儿说："没错，就是躲藏的地方，我觉得它们不光用它当做躲藏的地方。有一天，我在花园里的紫丁香花的树枝间，有尖锐的细碎声音'微……'，我走过去仔细一看，是一只金苍蝇，它被粘在蜘蛛网上了，正在拼命地挣扎，想要脱逃虎口。声音是它的翅翼拍打发出的。一只蜘蛛从网状的漏斗中央爬了出来，它爬到那只苍蝇旁边，毫不费力地捉住了它，把它拖回了洞里，它肯定要把那只苍蝇吃掉。从那以后，我才知道，蜘蛛织网是用来捕食的。"

保罗叔叔说："是的。蜘蛛只吃活的东西，它们的进攻目标都是苍蝇蚊子之类的昆虫。如果你讨厌蚊子，恨它们在夜里吸我们的血，那么你就应该感谢蜘蛛，因为蜘蛛都在尽力捕食它们，要捉住蚊子，就要用蜘蛛网，这样才能捉住飞翔中

的苍蝇和蚊子，这种蜘蛛网就是蜘蛛用自己造的丝织成的。

"蜘蛛体内的这种丝质的东西，是一种像胶水一样黏黏的汁水，和蚕儿吐出来的丝差不多。那东西吐出来后遇到空气就会凝结，变硬，成为一条丝线，再沾到水也不用怕了。蜘蛛要编网时，胃底的四个名叫'丝囊'乳头就会向外流出丝汁。乳头的尖端有很多像喷水壶的莲蓬头一样的小孔。四个乳头上至少有一千个这样的小孔，每一个小孔向外流出细滴汁，汁遇到空气马上就会变硬成为丝，一千根丝变硬后绞成一根丝，这根丝就是蜘蛛用来织网的丝。蜘蛛的丝非常纤细，想要说明一件东西的纤细，和蜘蛛的丝比较一下就行了。它非常细，细到我们刚能辨认它。我们的丝质地非常好，可是和蜘蛛丝相比，只是两三或三四股丝合起来的，可蜘蛛丝则是由上千条细丝股绞起来的。那么多少蜘蛛丝绞在一起才能有一根头发丝那么粗呢？大约十根。如果用丝囊上千个孔中流出来的丝来绞，就需要一万根。也就是说，蜘蛛要用一万根丝才能绞出一根头发粗的丝，由此可见，蜘蛛丝是多么稀奇的东西啊！孩子们，而这么多的丝，只够蜘蛛用来织出网，捉一只苍蝇，作为它的一餐。"

二十五、蜘蛛的吊桥

　　这时，保罗叔叔看见克莱尔一脸疑惑地看着他，她的心里对蜘蛛的看法一定有了转变：蜘蛛已不再像以前是一个可厌的动物，不值得我们注意的了。

　　保罗叔继续讲：

　　"蜘蛛的腿上有很多像利齿一样尖利的小爪，这些小爪看上去就像一把木梳。蜘蛛要用丝的时候，就会从丝囊里用脚爪把丝抽出来。如果它要像今天早上从天花板上爬到老恩妈妈肩膀上那样，就要把丝的一端粘住它离开的地方，再顺着丝慢慢垂下来。由于蜘蛛的重量向下拉，丝从丝囊中抽出来，这样蜘蛛就能平稳地被吊着，它可以随意降到哪一个高度，速度也可以自行掌握。它要回到上面去时，就用两腿把丝折成一束，沿着丝爬上去。再要顺着丝爬下来时，只要把它的丝束一点点地放开就可以了。

　　"各种蜘蛛在织网的时候，方法都不相同，这要看它们要猎的东西是什么，依据它特殊的倾向、口味和天性而定它常到的地方。我来给你们讲一些关于一种大蜘蛛的知识。大蜘蛛的身上有黄的、黑的和银白色的花纹，非常漂亮，它们专门猎那些经常在河流近旁的绿的或蓝的灯芯蜻蜓、蝴蝶和大苍蝇等大的昆虫。它们在两株树的树顶间织网，网很宽大，有的甚至横跨小溪的两岸。我们来观察一下最后的这个蜘蛛。

　　"大蜘蛛寻找到一块非常不错的猎地，这里有红蜻蜓，还有灯芯蜻蜓，有蓝色的和绿色的几种，还有蝴蝶、马蜂和吸牛血的牛虻，它们在草丛间和溪流上自由自在地飞来飞去。这个猎地真的太好了。开始捕猎了，大蜘蛛爬到水边的一株杨树顶上开始筹备计划，这个计划很大胆，而且要冒很大的风险，要完成它几乎是不可能的。要把一根丝作为吊索通到对岸去，孩子们，你们应该知道，蜘蛛不可能从小溪里游过去，就算它敢冒着危险下水，也一定会被淹死的。但它必须从这边的树顶上架起连接到对岸那棵树顶的吊索。这样的问题对于一位工程师来说都是非常困难的题目。那么这个小蜘蛛会怎么做呢？孩子们，你们讨论一下，商量好以后把你们想出的好办法告诉我。"

喻儿说："在不经过水面，也不移动到别的地方的情况下，建一座从这一岸到另一岸的桥？如果它真的能做到，我就承认它比我聪明多了。"

他的弟弟也附和着他说："我也承认它比我聪明。"

克莱尔说："如果我不是预先知道它的确是做到了，我也会认为它一定无法做到的。"

老恩妈妈认真地听着大家的话，停下了手里的针线活，谁都看得出，她对蜘蛛要建的那座桥非常感兴趣。

保罗叔叔继续讲着蜘蛛的故事："动物有时候比我们更聪明，这一点，大蜘蛛可以告诉我们。它用后腿从丝囊里抽出丝，那根丝越抽越长，从树枝顶上飘出去。大蜘蛛不停地抽着，不一会儿，突然不抽了。是不是抽出的丝已经足够长了？这一点它一定要弄清楚，如果太长了，那么多宝贵的丝汁就都浪费了，如果太短了，就无法搭建桥。大蜘蛛往前看了看，它可以看出，丝还是有点短，于是，蜘蛛就再往外抽出一点。这时，丝的长度正好符合蜘蛛的工作需要。大蜘蛛坐在树枝上耐心等待着，接下来的工作，它不必费力就能完成了。蜘蛛抽出的丝从杨柳顶上飘出去，四处飘荡的丝头被微风吹到对岸的树枝上，这时丝头就能粘在对岸的树枝上，这期间，蜘蛛只需经常用腿拉一拉丝，看丝是不是紧就可以了。啊！丝紧了，大蜘蛛把丝拉到身前，使它伸直，这座吊桥就架好了。这下你们知道了吧？"

喻儿叫着说："太容易了。可是刚才我们三个人谁也没想出来。"

"是的，孩子们，这很容易，也很巧妙，其实所有的事情都是这个道理：越简单的方法，就越需要有精巧的构思。简单就是聪明，复杂便是愚笨。大蜘蛛的建筑理念非常科学。"

克莱尔问："那么这个科学方法它是从哪儿学来的呢？动物们是没有理性的，又是谁教它们造成一座吊桥的呢？"

"孩子，这些可没人教它，它们生下来就知道这些，这是它们的本能，这样才能更好地生存下去，所以它们才有了这样聪明的捕猎手段，你们现在说，蜘蛛令人讨厌吗？"

这次，保罗叔叔又胜利了：包括老恩妈妈在内的几个人，再也不觉得蜘蛛令人厌恶了。

第二天，小鸡们仍然非常健康，它们在老母鸡的带领下到花园里玩，扒拉泥土，开心得咯咯咯地叫着，老母鸡从土里扒出细小的种子，小鸡们就会争先恐后地跑过去把老母鸡嘴边的食物抢走吃了。危险来临时，老母鸡就会张开翼翅，把小鸡护在翼翅下面保护起来。胆子最大的小鸡会把头钻出来好奇地看看发生了什么，妈妈的黑色羽毛衬托着它们美丽的小黄头。危险过后，老母鸡又开始咯咯地叫着，哄着它的鸡宝宝们追逐打闹。老恩妈妈看了这样的情形，总算是安心了，从那以后，她便放弃了那句关于蜘蛛的俗语。晚上，孩子们准时围在保罗叔叔周围，听他继续讲着大蜘蛛的故事。

"第一根横跨河岸两边的丝，是用作丝网的棚架的，这根丝必须织得非常坚固，所以大蜘蛛最初把这根丝的两头系得很牢固，再顺着这根丝，从这头走到那头，一边走一边继续抽丝，在这根单线上再加上两根三根的丝，把它们粘在一起，从而得到一根粗丝。还要在第一根丝的下面织一根与它并行的相同的丝，这样才能在这两根丝之间织网。

"为此，大蜘蛛在已经固定好的丝的那一端，倒挂在一根它丝囊里抽出来的丝上，使自己笔直地垂下来。当垂到一根较低的树枝时，就把丝的这一端紧紧系在树枝上，再回到丝的上端，爬上吊桥。蜘蛛便一路抽着丝，从桥上爬到对岸，却不把这根新丝粘在桥上。到对岸后，又垂下去挂到一根低树枝上，把从对岸带过来的丝头系在树枝上。这根丝是第二根主要丝，在这根主要丝上加入新丝，使这根丝也成为一根粗丝。到了最后，用很多丝把这两根主要丝的两端缠牢固了，这些丝都是从两端向四面八方伸展出去粘在树枝上的。别的丝和两根粗丝形成了一个圆形的大空隙，大蜘蛛就是要用这个空隙来织网。

"大蜘蛛做了这么长时间的准备工作，只做出了一个大工程粗糙而坚实的轮廓，然后再把它做到精细。要织网了，大蜘蛛把第一根丝放在打轮廓时那些丝形

成的空阔的大圆圈里。这一根丝的中间就是要做的网的
中心点，它站在这个位置上，所有的丝间距相同，向各
个方向分开，丝的另一端粘在圆圈的边缘上。这种线形
向四周伸展，所以被称为放射线。大蜘蛛把一根丝粘在
中心点上，再顺着撑好的横丝爬到对面，把这根丝的另
一端粘在圆周上。然后就可以沿着刚架好的丝回到中心
位置，在中心点上，粘上第二根丝，把这根丝系在圆圈
上，地点离第一条丝稍隔开一些。反反复复地几次从中

蜘蛛的网

心到圆周，再从刚粘好的丝上回到中心位置，那个圆周看上去已经被蜘蛛织成了
满是放射线的状态，每根丝的间距差不多，就像是用尺和圆规比量着画出来的那样。

　　"放射线织好以后，蜘蛛还有最精细的工作要做。每根丝都是由几根丝连接
起来的，这丝应从圆周上起头，绕着转着，在中心的四周，织成一种螺旋形的丝
网，直到中心点方止住。大蜘蛛从网的顶端开始边走边抽丝，跨过那么多条放射
线，还要使它和前一条丝的距离相等。蜘蛛把与前一根丝方向相同的线绕圈，一
直绕到中心点为止，网就编织成了。

　　"蜘蛛还要找个暗处埋伏起来，观察捕猎的情况，这还是它的休息场所，能
够遮蔽夜晚的阴凉和白天的火热。蜘蛛找到了一丛厚厚的叶子堆，它在这里织了
一个密封性很好的丝洞作为它的窝，它经常住在这里，如果天气好，它的捕猎也
会非常顺利，尤其是早晨或夜晚，大蜘蛛就会离它的窝，躲在网的中心位置，一
动不动地认真观察着捕猎的情形。猎物被粘在网上后，大蜘蛛会立刻爬过去把它
们捉住。它在这里张开着八只脚，像死了一样一动不动。没有哪个守候的猎人像
它那么有耐心，现在，我们也学着大蜘蛛的样子，等着猎物自己送上门来吧。"

　　孩子们听得正带劲，可保罗叔叔却卖起了关子，这让孩子们非常失望。

　　喻儿说："叔叔，这个故事太有趣了，大蜘蛛建造的横跨小河的吊桥，它的
蜘蛛网有整齐地越绕越接近中心的螺旋放射线，动物没有学过任何知识，但它会
躲藏和建造观察室，这太稀奇了。网织好以后，它再猎东西就非常有意思了。"

　　"是的，的确非常有意思，而且这很稀奇。所以，这样有趣的事情，我不想讲
给你们听，而是要指给你们看。昨天我路过田间时，看到一只在小河两岸织网的大
蜘蛛，在那里，它可以捉到许多飞虫，明天早晨，我带你们去看大蜘蛛是怎样猎物的。"

二十七、蜘蛛捕食

昨天晚上，保罗叔叔这样说过："明天早上我们要起个大早去看蜘蛛捕猎。"果然，今天早上，他们都很自觉地早早起床了。如果想去看蜘蛛行猎的过程，就要少睡一会儿。早上七点时，太阳早已经爬上天空，他们聚集在小溪边。蜘蛛网织好了，上面挂着很多小露滴，一闪一闪的像是一粒粒的珍珠一样闪着光芒。这时，那只蜘蛛还没有爬到网的中心位置，它在等着太阳把早晨落下来的潮气都赶走以后，才从屋子里爬下来。他们坐在那蜘蛛网系粗丝的那棵树下面的草地上，吃着带过来的早餐，在灯芯草之间，有几只灯芯蜻蜓在飞来飞去地追逐着玩，它们通体都是蓝色的，非常漂亮。你们这些小家伙可要小心了，前面可就是大蜘蛛精心布置的网，你们在它上面下面飞来飞去，不知道躲闪。终于，有一只蜻蜓撞在了蜘蛛网上，它的一只翅翼没被蛛网粘住，它正在拼命地挣扎着，想赶紧逃跑。它用尽全身力气摇撼着蛛网，但那两根粗丝绷得紧紧的，始终摇不动。蜘蛛网上的丝连接到大蜘蛛的休息室，丝的晃动惊动了它，它知道有猎物撞到网上了。大蜘蛛急忙从休息室往蜻蜓的位置爬去，但是已经晚了，蜻蜓已经把蜘蛛网扯破了一个大洞，逃跑了。

喻儿叫着："太好了！它总算逃跑了！如果再晚一会儿，这可怜的小家伙就要被那只大蜘蛛活活吃掉了。艾密儿，你刚才有没有看到，蜘蛛网一动，那只大蜘蛛就从休息室里爬出来了，真是太快了！它这次的捕猎太失败了：马上就要到手的猎物跑了，网也被扯破了。"

叔叔笑着安慰他说："是这样，没错。但是，这只破了的网，蜘蛛很快就能把它修好。"

保罗叔叔说得一点也没错，蜘蛛看到猎物逃脱了，就抓紧时间用非常娴熟的手法把网修补好了，修补好后，刚才被扯破的地方一点也看不出来。蜘

灯芯蜻蜓

蛛爬到了网的中心位置，现在是捕猎的最好时候，为了不让它们有逃脱的机会，它要快些捉住那些猎物。它张开八只脚，使它们分布在四周，这样网上有任何一点轻微的颤动，它都能很快地感觉到。于是，它开始一动不动地耐心等待着猎物的到来。

蜻蜓们继续追逐玩耍着，但没有一只撞到网上，刚才一个同伴的遇险，使它们充满了戒心，它们飞的时候一直绕着蜘蛛网。忽然，一个来势凶猛的家伙一头撞在了蜘蛛网上，仔细一看，原来是只黑色的野蜂，肚子是红色的，它被粘在了蛛网上。大蜘蛛感觉到了网的动静，立刻向野蜂爬过去。这个猎物可是很凶猛的，可能还有蜂螯。蜘蛛从丝囊里抽出一根丝，迅速向野蜂的身子抛去，紧接着，它又抛出了第二、第三、第四根丝，很快地制止了俘虏死命的挣扎。终于，野蜂被蜘蛛活捉了。这时，蜘蛛要捉住它就会有危险。那么怎样才能捉住这只凶猛的猎物，还要避免被它伤害呢？蜘蛛的头下有两支尖锐的毒刺，那刺的尖端有个可以放出毒汁的小洞，这些毒汁就是蜘蛛打猎时的必要武器。蜘蛛小心翼翼地走到野蜂旁边，用它的毒刺往野蜂的身上刺了一下，刺完之后赶紧躲到了一边。很快，蜘蛛的毒汁就渗透了野蜂的全身，并立刻起了作用：野蜂的身子颤抖着，不一会儿就死了。看到野蜂死了，蜘蛛才爬过去把它拖回到自己的休息室里，方便自己饥饿的时候吸食。当蜘蛛把野蜂肚子里的汁水吸光后，这只野蜂就只剩下空壳了，到那时，蜘蛛就会把它扔得远远的，否则它的网上挂着一具尸首，别的猎物就不敢靠近了。

喻儿对看到的情况感到非常不满意："它的捕猎过程未免太快了，那只蜘蛛的毒刺在哪儿？我怎么都没有看到？我们再多等一会儿，说不定还会有一只野蜂撞到网上，到时候，我一定要好好地看清楚。"

保罗叔叔说："不用多等，如果我们自己动手帮忙，就能再仔细看一次蜘蛛的捕猎过程了。"

一会儿的功夫，保罗叔叔就在野花间捉到得了一只大苍蝇，他用两个手指捏住苍蝇的一只翅翼，把它到网的旁边。苍蝇扑动着另外一只翅膀，终于，触上了丝网，网动了，蜘蛛感觉到了震动，立刻放开了野蜂，快速爬了过来，它一定以为今天的捕猎太顺利了。接着，又开始了相同的程序。蜘蛛放丝先把那只苍蝇捆牢，接着，蜘蛛又用它的毒刺刺了苍蝇一下，毒汁立刻渗透了苍蝇的全身。猎物颤抖着，和刚才那只野蜂一样，很快死了。

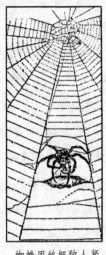

蜘蛛用丝把敌人紧
紧地缚起来

这下喻儿终于满意地说："哈哈！这次我终于看到了。"

艾密儿问："克莱尔，你注意观察蜘蛛毒刺有多么尖利了吗？我想，它比你的针匣子里的针还要尖利。"

"没错，你说得很对。我并没有为蜘蛛刺的尖而感到惊奇，而是奇怪为什么猎物死的速度那么快。我想，刚才那只大苍蝇，就算我用针匣子里的针用力刺它一下，它都不会这么快就死的。"

保罗叔叔点点头说："是的，如果你用针刺一下苍蝇，它还能活一段时间，但是，被那蜘蛛的刺尖刺一下，几乎是立刻就会死。但是，蜘蛛使用它的毒武器的时候是非常小心的，它的刺毒性很大，有一个小细管通着，蜘蛛可以从这个小细管里自由放出一小滴肉眼几乎看不见的汁水，这滴汁水是蜘蛛自己做的，和做它的丝一样，名叫毒汁。这些毒汁就在刺内的小袋里隐藏着。蜘蛛要刺它的俘虏时，就会把这一小滴毒汁射在猎物的伤口里，这就能使猎物立刻死掉。那猎物并不是被针刺死的，而是被那些射在伤口里的毒汁毒死的。"

保罗叔叔用指尖把大蜘蛛捉起来放在手上，让孩子们看清楚这只大蜘蛛的刺。克莱尔吓得惊叫着，保罗叔叔却让她不要害怕。

"孩子，别怕，杀死一只苍蝇所用的毒汁，在保罗叔叔的粗皮肤上可是不起作用的。"

他找来一根针，把蜘蛛的刺拨开，让孩子们能清楚地看到，这时孩子们才放下心来。

保罗叔叔接着说："别害怕，虽然它把苍蝇和野蜂毒死了，但你们不要因为这个，就害怕蜘蛛了，它们的刺是很难刺穿人类的皮肤的。法国有许多研究者都非常勇敢，他们让各种各样的蜘蛛咬自己，但这从来没有给他们带来过任何严重的后果，最多是有一块红，但和蚊子咬的包比起来还是小得多。皮肤娇嫩的人就要避免被大蜘蛛咬到，虽然只是有点疼。我们在躲避被黄蜂的针刺时，不必太慌张，当我们躲避大蜘蛛的针刺时，同样不必太慌张。我再给你们讲一些关于毒虫的知识，但是今天太晚了，咱们先回家吧。"

"你们以前应该听说过有种会喷毒汁的动物吧？它们在距离敌人很远的地方把毒汁射到对方的脸和手上，如果喷到眼睛上，就会瞎掉，如果喷到别的地方，也会造成很大的伤害。这种毒汁可能会致人于死地。上星期，喻儿看到一条大毛毛虫趴在番薯藤上，它的头上有一个弧形的角。"

喻儿插话说："我知道，你曾经告诉过我们，这样的大毛毛虫能蜕变成一只美丽的蝴蝶。这只蝴蝶的个头很大，比我的头掌还大，它的背上有一大块白色的斑点，看上去像是一颗死人头，这让很多人都害怕，在暗处的时候，它的眼睛还闪着光。你还告诉我们，这个东西不会伤害人，人们不应该害怕它。"

保罗叔叔接着讲："杰克当时正在番薯地里除草，他拍掉喻儿手里的大毛毛虫，把它踩死在自己的那双大木鞋之下。好心的杰克告诉他：'把这种虫子拿在手里很危险，拿什么玩不好，偏要拿毒虫玩，它那些绿色的毒水你没有看到吗？离它远一点，它还没完全死呢，说不定它会突然往你身上喷毒水。'说完，杰克就指着被踩死的那条大毛毛虫的绿色肚肠，称那是毒汁。其实那种毛毛虫的绿色肚肠根本没有毒，之所以是绿色的，就是因为它刚刚吃了绿叶汁。

"其实很多人和杰克一样害怕毛毛虫和它的绿色肚肠。他们认为，世界上的很多动物会把自己能碰触到的东西都喷上毒汁。其实在这世上，绝对没有任何一种动物可以在距离敌人很远的地方放射毒汁，所以它们根本不可能伤害到我们。孩子们，你们记住我的话，因为这件事太重要了，这样能让我们不至于在没必要害怕的时候害怕，而要把注意力放在真正的危险上。那就是，首先要知道毒汁是什么。很多动物生来就带有有毒的武器，这样可以让它们更好地保护自己，在捕猎的时候也能帮助它们攻击猎物。蜜蜂就有带毒的武器，我们对它还是非常熟悉的。"

艾密儿叫着说："天哪！平时提供给我们蜂蜜的蜜蜂，它们有毒？"

"没错，没有蜜蜂酿出的蜂蜜，老恩妈妈就不能给你们做圆蜜饼吃了。昨天把你弄哭的蜜蜂刺你还记得吧？"

保罗叔叔又提起了他不愉快的记忆，这让艾密儿的脸红了起来。昨天，在没有任何防御措施的情况下，他非要去看看蜜蜂是怎样工作的。听别人说，他拿着一根竹竿，用它捅到蜂窝的小门里。他这样胡闹彻底激怒了蜜蜂。三四只蜜蜂冲过来在他脸颊上和手上叮着刺着。他看上去难受极了，也知道这是自己自作自受，保罗叔叔安慰了他很久，才让他舒服一点。最后，保罗叔叔用冷水袋紧压在被刺处，才让艾密儿不再那么疼了。

保罗叔叔又强调着说："艾密儿告诉了我们，蜜蜂是有毒的。"

喻儿问："黄蜂有毒吗？以前，我在葡萄上看到一只黄蜂，想把它从那里赶走，也被它叮过。我没有告诉别人，但是觉得非常沮丧，心想：这么小的一只动物，就能把人伤成那么痛苦，我当时被黄蜂叮了以后，手火辣辣地疼，痛得差点晕过去。"

"当然了，黄蜂也是有毒的，它的毒比蜜蜂还要厉害呢，所以被它刺一下会更疼。野蜂和大黄蜂都有毒，那大黄蜂就是红色的大胡蜂，有三厘米多长，有的时候，它们会飞到果园里偷吃梨子。孩子们，对于大黄蜂，你们可要特别小心，被它们的毒针刺一下，你们就要忍受几个小时的剧痛。

"所有的小虫儿，为了保卫自己，都有有毒的武器，武器的构造也几乎相同。这武器叫做刺，它是一柄细小坚硬，比最尖锐的针还要尖的锐利的尖刀。那刺就生在它们的肚子下端。它们把它藏起来时，从外表上是一点也看不到它的。它们把它藏进鞘子里，再把那鞘子缩回肚子里。遇到危险的时候，它们就会把刺从鞘里拨出来，刺入敌人的表皮里去。

"那种剧烈的疼痛，你们恐怕都很熟悉了，那种痛疼不完全是因为被刺的伤口。那伤口非常小，肉眼是看不到的。如果用一根像蜂刺那样细微的针来刺一下我们的手指，我们几乎一点感觉也没有。但是，那根刺一直通往蜂体内的毒汁，毒汁从一根中空的管子注入伤口中，刺立刻就会缩回去，毒汁就留在伤口里了，所以，人们会被刺得剧痛，都是因为这毒汁的作用，如果你们想知道得更详细，可以让艾密儿告诉你们。"

保罗叔叔又一次提到了艾密儿难忘的记忆，他有意提到这件事，是要告诉他对蜜蜂不该这样粗暴。艾密儿低下头，假装擦起了眼泪，其实他根本没有哭，只是为了掩饰自己的窘态而已。保罗叔叔并没有注意到艾密儿变化，继续讲着他的故事：

"这些奇怪问题的研究学者，做了一个这样的实验，这就让我们确定，被刺以后剧烈的疼痛并不是因为伤口本身，而的确是由于留在伤口内的毒汁造成的。如果有人用一根极细的针，刺一下你的手指，那个伤口非常小，几乎是立刻就消退了。克莱尔缝纫的时候，应该不会很怕针会刺到手吧？"

她点点头说："是的，叔叔，就算刺出血来了，很快就会没事的。"

"虽然针刺并不会给人带来什么伤害，但如果把蜜蜂或黄蜂的毒汁注进即使很小的创伤里，也会产生非常剧烈的疼痛。我刚才提到的那些学者，他们拿着一枚针，用针的尖头刺进蜂的毒汁囊里蘸毒汁，再把带有毒汁的针头轻轻地刺进自己的皮肤。这次的刺痛非常厉害，而且持续了很长时间，比被蜂叮一下还要疼。为什么比被蜂叮还要疼呢？就是因为针尖比蜂刺大得多了，针尖扎在皮肤上形成的创口比蜂刺扎在皮肤上形成的创口大，注入的毒汁也就更多。现在你们知道为什么被蜂刺比针扎要痛得多了吧？都是因为注入了毒汁。"

喻儿说："我们都懂了，可是叔叔，那些学者为什么要用针蘸了蜂的毒汁往自己身上刺呢？是为了好玩吗？这种游戏太奇怪了，把自己都弄伤了。"

"游戏？你以为我所讲给你们听的，都是一点意义都没有的游戏吗？那些人都是最勇敢的研究学者，他们把知识研究明白了，学会了，就是为了能让我们减少受伤的概率。他们冒着生命危险甘愿被刺中毒，以此来研究毒汁的效力，让我们知道怎样去克服它。毒是非常可怕的，如果我们被毒蛇和毒蝎咬一下，那么我们就有生命危险了。那么最重要的科学工作就是要知道毒汁的生效原因和过程，从而研究出抵制它蔓延的方法。那些学者们的研究是非常宝贵的，而这样带有牺牲精神的伟大研究在喻儿的眼里，却只是一种游戏。孩子，科学的职责是非常神圣的，对于那些可以增长我们的见识，让人类消除痛苦的实验，不管它有多么的危险，科学家们都会勇往直前的。"

喻儿的话，得到了叔叔的批评。他惭愧地低着头，一句话也不敢说了。保罗叔叔按压了一下自己的激动情绪，平静下来，继续给孩子们讲毒汁的故事。

THE STORY OF
NATURE

二十九、有毒的汁

"所有有毒的动物，它们的动作都和蜜蜂、黄蜂和大黄蜂很像，都带有一种特殊的武器，比如说它们的针，牙，毛刺，短刀等，这些武器都被它们藏在身体某个地方，不同种类的动物，它们隐藏武器的地方也各不相同。它们在敌人身上刺出微细的伤口，再分泌出毒汁注入创口里。其实它们的武器的唯一用处就是给毒汁开出一条路，这样，毒汁就能在敌人体内发挥毒性了。因为毒汁想要进入我们的身体，就需要通过一个伤口，这样才能融入我们的血液中。如果皮肤上没有任何创口或破皮，那么毒汁就无法进入人的体内和血液混合在一起，那样的话，就算把毒汁放在皮肤上，对人也是一点害处也没有的。如果皮肤没有伤口，就算用手指去蘸取最毒的毒汁，也是一点危害也没有的，而且，就算把毒汁放在口唇上、舌头上，甚至吞进肚子里去，也不会对人体带来任何影响。如果把大黄蜂的毒汁放在我的口唇上，它和一滴清水没什么差别，但是如果我的嘴唇上有伤口，即使它再细微，也会给我带来剧烈的痛楚。拿毒蛇的毒汁来说吧，只要它不进入人的血液中，对人体也是一点害处也没有的。勇敢的实验家曾经吞下了蛇的毒汁，也没有感觉到有任何的不舒服。"

克莱尔说："叔叔，你没骗我们吧？真的吗？居然有人敢把毒蛇汁吞进肚子里，天哪！我可没有那么勇敢。"

"孩子们，科学家们进行了这样勇敢的尝试，对此，我们应该对他们怀有崇高的敬意，我们是幸运的，因为科学家进行这样的尝试后，研究出了人类在被蛇咬了时，应该采取什么样的应对方法才最迅速有效，这样的方法，我以后再给你们详细讲解。"

克莱尔又问："那些对于手、口唇、舌头没有伤害的毒蛇汁，如果混入血液中，很可怕吗？"

"孩子，这是当然的，我正要讲这个问题。比方说有这样一个非常鲁莽的人，

惊动了可怕的毒蛇。毒蛇就会把自己的身体一圈一圈地卷起来，然后猛地向上一跃，朝他的手上狠狠地咬了一口。蛇的速度是非常快的，这个过程只有一瞬间的功夫。接着，毒蛇用了同样的速度把它那盘得像螺丝一样的身子缩了回去，然后把头高高地举在盘圈的上面威吓敌人。那人可不会站在原地等着它攻击第二次，赶紧逃走了。可是这时已经被蛇咬伤了，那人被咬的手上，有两粒细得像针刺一样的小红点。如果我不告诉你们关于蛇毒的知识，你们看到这两个小红点，一定会觉得没什么可怕的。但这是非常危险的，那两粒细小的红点会逐渐围成一个青黑色的圈。手也会肿起来，而且越来越觉得痛，渐渐地，臂膀也会肿起来，接着，身上会冒出冷汗，胸闷、恶心，不一会儿，呼吸变得很困难，知觉也渐渐麻木了，眼前发黑，浑身开始抽筋。这时如果不及时救治，就会有生命危险。"

喻儿颤声说："叔叔，你刚才说得太吓人了，我们的鸡皮疙瘩都要起来了！如果哪天你不在家的时候，我们在野外遇到了这样的事，应该怎么做呢？我听别人说，附近山上的矮树林里，就有一种名叫蝮蛇的毒蛇。"

"我的孩子们，希望你们永远不会遇到这样可怕的事情，但是如果哪天你们真的遇上了这样的事，一定要记住，要先用绳子捆紧受伤处以上的手指、手、臂膀，阻止毒汁流窜到身体各处的血液中，接着赶紧用力挤压伤口的周围，把被毒汁感染了的血挤出来，用嘴用力把伤口上的毒血吸出来。我刚才告诉过你们，毒汁在没有伤口的皮肤上不会给人带来任何伤害。所以就算是用嘴吮吸毒血时，被吸食进去一部分也是没有一点危险的。在你一连串的吸和压之后，你就能看到毒血流出来了，这也就是说，你已经非常成功地吸出了伤口内所有的毒汁。这时，那两粒小伤口没有任何危险了。为了让它好得更快些，要如硝镪水和阿摩尼亚水

蝮蛇

之类的腐蚀性的药水，涂在伤口上，或用一块烧红的铁烙烫和烧灼创口，这样就能消灭所有毒质。我知道，这个做法简单太疼了，但是为了不留下任何隐患，一定要忍耐着坚持过去。这类烙烫或烧灼的手术都是医生来做的。最早的缚紧胳膊阻止毒汁的流窜，再挤压伤口周围，使毒血流出，再用力把毒血吸出来，这些初步的急救法都是我们自身能做的事了，这些事最好在最短的时间里做完，否则，时间延搁得越久，后果越不堪设想。迅速做好这些应急工作，那么即使被毒蛇咬伤，一般也不会产生太坏的后果。"

"叔叔，听了你刚才讲的知识，我不像刚才那么害怕了，而且只要被咬的人不慌乱，这些急救的工作还是很容易做的。"

"所以，我们陷入危险时，要懂得时刻保持理性的头脑，别让恐慌来搅乱我们的思维。平时的时候，要锻炼着控制自己，这样，在遇到危险的时候，才能保持冷静的头脑。"

三十、蛇和蝎子

　　艾密儿插话说："叔叔，你刚才说过，毒蛇不是刺的，而是咬的。可是我觉得事情不是这样的，我听人说，它们身上也有一支刺。跛子路易胆子非常大，平时，他什么都不怕，上周四，他在两个同学的帮助下在旧墙壁里捉到一条蛇。他们把蛇的头用一根灯芯草缚起来。这时我正好从那里经过，他们把我叫住。蛇的嘴里吐着一种黑色的尖而可以弯曲的东西，它伸缩的速度非常快。我以为这是蛇的刺，非常害怕。路易笑着告诉我，那是蛇的舌头，不是刺，为了证实他说的话是真话，他向蛇的舌头伸出了手。"

　　保罗叔叔回答道："路易说得没错。很快，蛇就能从它的唇间吐出一种很软且分叉的黑东西。这就是蛇的武器，它的用处有很多，其实这个东西只是一个毫无危险的舌头，那舌头在两唇间快速地伸缩着，蛇用它可以捕捉昆虫，也可以用它表示自己的愤怒。蛇都有这样的舌头，但法国有一种毒蛇还有可怕的毒汁机关。

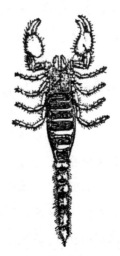

蝎 子

　　"这种毒蛇的这个器官有两个钩，被称为牙，长而尖，位于上颚。遇到敌人的时候，这两个牙能直立起来攻击敌人，也可以像一柄藏在剑鞘里的剑一样在牙龈的凹孔内卧倒，这时，蛇就没办法伤害我们了。这两个牙尖端上有一个小口，中间是空的，毒汁从这里进入伤口。每一个牙的底下，有一个小囊，里面装满了毒汁。这种毒汁看上去和普通的汁水没有区别，无色无味的，人们会把它看成是清水。毒蛇用它的牙齿攻击敌人时，就会从毒汁囊里挤出一滴毒汁，把毒汁顺着牙齿里的管子注入伤口里去。

　　"毒蛇大都居住在温暖、石头又多的山上，藏在石头和草丛下面，颜色大多

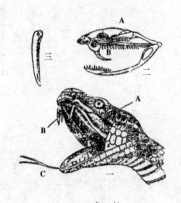

毒 蛇

一、头部：A.毒囊，B.毒牙，C.舌。

二、头部骨骼：A.方骨，B.毒牙。

三、毒牙

是棕色的或红色的，它们的背上有一条颜色晦暗的弯弯曲曲的色带，色带的两旁有一排斑点。它们的肚子是瓦灰色的，头的形状为三角形，前端很钝，比头颈大，看上去像是被截了一段似的。毒蛇的胆子都很小，它为了自卫，才会攻击人，它们的行动懒惰又粗鲁。

"法国还有很多和毒蛇不一样的普通蛇，它们没有毒蛇的毒牙。所以就算被它们咬了也不用害怕，人们完全没有理由憎恶它们。

"在法国，除了毒蛇以外，最可怕的毒物就是蝎子了。蝎子的样子非常难看，爬行的时候八只脚一起行动。头上有两柄钳子，样子和蟹的钳子差不多，后面有一条弯曲的尾巴，尾巴上有很多节，最尾端还有一个刺。它的钳子看上去可怕，却是没有毒的。它尾巴上最尾端的刺才是有毒的。蝎子遇到敌人的时候，就用这个刺来自卫，还用它来捕猎食物。在法国南部，有两种蝎子。一种蝎子绿而带黑，在黑暗阴凉的地方生活，平时都会待在它的屋子里，只在晚上才离开。这时，在潮湿颓败的墙垣上，经常能看到它快速地奔跑着找寻木虱和蜘蛛，因为它们是它的食物。还有一种蝎子，颜色灰黄，比前一种蝎子大得多，在温暖的沙石间生活。如果被前一种绿而带黑的蝎子刺一下倒不会有什么严重后果，但如果被后一种灰黄色蝎子刺一下，就有生命危险了。如果你把蝎子惹恼了，那么不管是哪一种蝎子，在它的尾端，有一滴像珍珠一样的汁水凝聚在刺的尖端上，这时，它就可以攻击敌人了。这就是一滴蝎子用来注入敌人伤口里的毒汁。世界各国都有这样的

毒物，我可以给你们说出很多种类，还有很多种类的毒蛇，被它们咬一口，人就会立即死亡。好了，孩子们，老恩妈妈在叫我们去吃饭了，我赶紧把这个故事讲完，世界上任何一种动物，哪怕它再丑陋、可怕，当它距离我们有一段距离时，都无法放射毒汁来伤害我们。所有有毒动物的行动大致相同：它们都是用自己与生俱来的武器，在人的皮肤上造成轻微的损伤，再把一滴毒汁注进这个伤口里。其实那个小小的创伤并不会给人带来什么影响，关键在于它们注入的毒汁。这个武器位于它们身体上的某个部位，具体位置因种类不同而各不相同。蜘蛛嘴的入口处弯倒着两个刺，这是它的武器；蜜蜂、黄蜂、大蜂、野蜂的肚子下面有刺，静止不动的时候，它们就安静地待在鞘里，从表面上是看不到的；蝮蛇和其他毒蛇的上颚长着两只长而中空的牙齿；蝎子的刺在它尾巴的最尖端。"

喻儿说："非常可惜，你刚才讲到的关于毒物的故事，杰克没有听到，如果他听到了，以后就不会再认为毛毛虫的绿色肚肠有毒了。我要把你刚才讲给我们的故事告诉他，以后我再找到美丽的大毛虫时，他就不会再把它踩死了。"

吃过饭后，保罗叔叔拿着一本书坐在栗树下看，孩子们都在花园里开心地玩耍。克莱尔拿着剪子认真地修剪着枝叶，喻儿拿着水壶浇花，艾密儿这个鲁莽的小家伙，他看到墙脚根畔长出来的草上有一只非常漂亮的蝴蝶忽闪着两个翅膀自由自在地飞着，它的上半身是红的，有黑色的镶边，蓝色的大眼睛，下半身是棕色的波状条纹。蝴蝶盘旋了一会儿，停在了一个地方。艾密儿瞅准这个时机，猫缩着身子，踮着脚尖轻轻地向蝴蝶靠近，慢慢地伸着双手，想把它捉住。但是蝴蝶似乎意识到了危险的临近，拍拍翅膀飞走了。艾密儿赶紧收回了双手，这时他的手已经红了，而且觉得越来越痛。可怜的小家伙赶紧跑到了保罗叔叔的面前，流着眼泪对他的叔叔说：

"叔叔，你看我的手，疼死了，我被毒蛇咬了一口！疼死了！疼死了！"

保罗叔叔听到艾密儿说到毒蛇两个字，急得一下跳了起来，赶紧抓起艾密儿的小手察看起来，看过之后，才放心地微笑着对他说：

"孩子，别怕，咱们的花园里可没有毒蛇。你刚才做了什么？告诉叔叔，你在哪儿被咬的？"

"我刚才看到一只很漂亮的蝴蝶停在墙脚的草上，就想把它捉住，我伸手去捉它时，就被什么东西咬了。叔叔，你快看！"

"可怜的艾密儿，真的没事，相信叔叔好吗？你到小河边去，把手指放在冷水里泡一会儿就不疼了。"

一小会儿的工夫，艾密儿的手指一点也不疼了，现在，几个孩子都在谈论着艾密儿遇到的不幸。

保罗叔叔问："艾密儿，现在手指不疼了吧？想不想知道刚才咬你的是什么东西？"

"我知道啊，以后我再也不捉它了。"

"咬了你一口的其实是一株名叫荨麻的草，它的叶梗和
细枝上有很多坚硬的芒刺，里面全都是毒汁。当你的皮肤被
芒刺扎了一下时，那根刺的尖端就会裂开，里面的毒汁就会
注你的伤口里，这时你就会感觉到非常疼痛，孩子们，你们
过来看，荨麻的芒刺伤人的动作和有毒动物是一样的。都是
先在皮肤上造成一个细微的创伤，再从这个中空的尖头向皮
肤里注入毒汁，现在你们知道了吧？荨麻其实是一种毒草。

荨 麻

"艾密儿，听我说，你为了捉那只蝴蝶，不知不觉地
把手伸到了芒刺丛中，这只蝴蝶是绯绒蝴蝶，它蜕变成蝴蝶之前的毛毛虫是黑绒
样的，上面有白色的斑点、有刺的毛芒。它蜕变的时候不结茧，它的蛹上有着像
黄金一样闪亮的条纹，它们在尾巴的支撑下把身体悬挂在空中。绯绒蝴蝶的毛毛
虫就在荨麻身上生活，以吃它的叶为生，对于荨麻的毒汁芒刺可是一点都不怕的。"

克莱尔问："毛毛虫以荨麻的毒草为生？可是它为什么不会中毒呢？"

"孩子，动物的毒汁和毒药可不是相同的概念，你把它们弄混了。毒汁是通
过创口进入血液里使人受伤的，毒蛇的毒汁就是那样。而毒药则不同，要把它吃
进肚子里才会使人中毒。从蛇的牙和蝎子的尾针里流出来的是毒汁，它们进入到
人的血液中，就会使人中毒身亡，可它不是毒药，所以就算把它们吃进肚子里，
也不会中毒。荨麻的毒汁就是这样的。所以老恩妈妈经常给小鸡们割荨麻吃，绯
绒蝴蝶的毛毛虫以吃荨麻叶为生，不会有任何危险。这种荨麻就是刚才使艾密儿
中毒、疼得直哭的东西。在法国，毒草只有荨麻这一种，但世界上却有很多种毒
草，如果吃了它们就会对人体带来很大危险，甚至会有生命危险。我现在把这些
知识告诉你们，以后你们遇到这些毒草就要多加小心了。

"那荨麻的芒刺和许多毛毛虫身上的毛太像了。很多毛毛虫的身上光秃秃的，
没有毛。所以，这种毛毛虫对人没有害处。我们可以把它拿在手上把玩，就算它个
头再大或是背端长着角也不用害怕，它们和蚕儿一样，不会对人造成伤害。还有一
种毛毛虫，它们的身体很硬，上面布满了毛毛，有的还有尖锐的倒刺，如果把它拿
在手上，一不小心就会戳进皮肤里，而且很难拔出来，皮肤就会很痒，甚至会疼痛
并肿胀起来。所以，我们要躲那样的毛毛虫远一点，尤其是那种簇聚在橡树和松树
上筑着丝窝的'行列虫'。什么是'行列虫'呢？这让我想起了另一个故事。"

三十二、行列虫

"在松树枝的尖端处，我们经常能看到很多和叶子混在一起的丝囊。这些丝囊的形状大多都像梨子一样，上部分膨胀，下半部分狭窄。有时候，它们像一个人的脑袋那么大。它们都是毛毛虫的窝巢，在这样的窝巢里，住着很多生有红色毛毛的毛毛虫，这么多毛毛虫都是一只蝴蝶产下的卵所孵化出来的，它们群居在一个丝窝里，这些窝巢是它们自己建造的，为了共同的利益，它们平均分工，一起抽丝，用抽出的丝编织着茧子。窝巢里面有很多个用薄薄的丝壁隔出的小房间。通常情况下，大的一头有一个宽阔的形状像漏斗的口，这个口可以方便它们进出，别的比较小的口分布位置随意。毛虫们把窝巢盖好，这样在恶劣的天气里，它们就能躲在温暖的窝巢里度过寒冷的冬天了。夏天的夜晚或是天气很热的时候，它们就会爬到外面去凉快凉快。

"天亮以后，它们就会跑到附近的松树上吃松叶。填饱肚子以后，再又回到窝巢里去，躲避烈日的暴晒。再从里面出来的时候，不管是在筑着窝巢的树上，还是从地上爬过去，爬到另一棵树上，它们行进的过程中都是排成一个接一个的长条，看上去非常整齐，所以才得了'行列虫'这个别名。

"一条虫先跑出来，它就是这支小队的队长了，接着第二条会紧跟上去，接着是第三条，然后第四第五条这样接下去，中间一点空隙也不留，直到巢里的最后一条虫加入了队伍中才算结束。由几百条虫所形成的行列在慢慢地向前行进。它们的队伍看上去像是一条长线，有的地方非常笔直，有的地方有些弯曲，但它们却始终紧紧连接在一起，因为每一条虫都把头紧紧贴着前面那条虫的尾梢。这支队伍看上去像是在地上画了一条很长的左右起伏的花圈。如果有几个离得很近的窝巢，几支队伍巧遇在一起，这时的情形才有意思。几个不同的活花圈交织在一起，互相连接着，又没有连接在一起，那情景别提多有趣了。在遇到这种情况时，几支队伍绝不会互相缠错。同一支队伍里的行列虫仍然步调一致地向前行进着，步伐也很严整，没有走得急的，也没有谁掉队，在行进的行列中，每条行列虫都待在自己的行列中，谁都不会弄错，它们紧跟着前面一条虫，亦步亦趋地向前爬着。一队的领袖走在最前面，带领着全队行进。领队的虫向右转时，同队中所有的行列虫，都会跟着向右转；当它向左转时，后面跟随着的所有行列虫都会一起向左转。如果它停下了脚步，它后面所有的行列虫都会停下脚步，但它们是陆续停止的，第一条先停，第二条接着停，以后第三、第四、第五等等，一直停到队尾。它们就像是训练有素的军队，当它们排成一列向前行进时，领队的一声令下，其余的就能立刻停下脚步，收起队伍。

　　"这支队伍只是找寻食物的先头部队，现在，它们的工作已经完成了。它们离开窝巢已经很远了，它们也该回去了，可是，它们已经走过了那么多草丛和崎岖的路，来时的路，它们还能找到吗？它们走过的路早就被青草遮蔽了。那么它们要辨别路途是靠嗅觉吗？可是路上的气味太多太杂了，它们不会辨别错吗？不会的，行列虫辨认路途的方法比遥望与嗅觉更高明。它们有用一种永无错误的方法给予自己启示的本能。它们能够做好任何事情，但做这些事情都不必靠思维，就像小学生背诵那样。当然了，它们根本没有理智，但是有理智之神支配着它们，其实世上万物都是受大自然的理智之神所支配的。

　　"在经历这样的长途旅行以后，行列虫为了能顺利找到回家的路，它们会在来时的路途中铺上一条丝的毡子，它们在行进过程中只踏在丝上，一边走，一边不断地抽着丝，把丝粘在路上。孩子们，你们可以注意观察一下，队伍中的每条行列虫，都在不停地低下头或抬起头。它们把头低下时，下唇的丝囊在将要走的路上粘上一根丝，当它们把头昂起来时，就会边走边从丝囊里抽出丝来。后面的行列虫跟着前面的行列虫留下的丝往前走，在这根丝上再加上一条丝。所以，它们走过的路上都会留下一条丝带。行列虫要想顺利走回家，就是靠着这条丝带的引导，不管它们走过的路多么崎岖弯转，也能凭着这根丝带顺利找到回家的路。

　　"如果有人要捉弄它们，把它们辛辛苦苦留下的丝路截断了。那么这些行列虫就会充满恐惧和疑虑地停在丝路被截断的地方。这种情况下，它们是继续前进还是停下脚步呢？行列虫们的头都在焦急地抬头或低头四处张望，希望能找到那根引导丝。后来，一条胆子比较大的行列虫显得非常不耐烦，它来到被割断的地方，用丝连接起断了的一头和对面的一头。一条虫立刻从第一条虫所接好的丝上爬过去，经过的时候，再往那顶桥上加入自己的丝。它们这样做了，别的行列虫也会跟着照做，被恶作剧者截断的桥立刻就被它们修补好了，大队立刻继续前进。

"橡树上的行列虫行进的时候样子完全不同。它们浑身上下被白毛覆盖，身后很长且弯曲，通常，一个窝巢里有七八百条行列虫共同生活在一起。当它们决定要远行时，一条虫会先出巢，爬到很远的地方时停下来，它爬到这么远的距离是为了给后面的虫们排列队伍的空间。第一条虫向前行进，后面的虫们也立刻接上去，但它们和松树上的行列虫的排列情况可不一样，它们是两条、三条、四条或更多条排成一排的。队伍排好后，它们就在领导的指挥下跟着移动，它们的领队始终都是独自一个走在整队的行列虫之前，剩下的就几个排成一排，整齐地紧挨着爬过去。从前几排来看，这支行列虫的军队的形状就像是头尖尾宽的宝塔似的，因为每一排的行列虫数目都是逐渐递增的，具体的排的数目是不一定的，或多或少，有的时候只有一排，有的时候有十几二十排。它们像是训练有素的士兵那样一丝不苟地向前行进着，一条虫的头永远不会越过另一条虫的头。当然，整个行列虫大军在行进的时候，为了能找到回家的路，也是用丝铺在路上的。

"橡树上的行列虫们，它们习惯躲在自己的窝巢里脱皮，不久，它们的窝巢中就会装满很多细屑的断毛。这时，如果你们去碰触它们的巢时，它们的窝巢中的细屑的断毛就会粘到你们的身上来，如果皮肤太细嫩，那么粘上这些断毛后就会肿起来，而且要几天的时间才会消退。人们只要在行列虫的窝巢的橡树下站一会儿，风就能把它们窝巢里的断毛细屑吹到人的身上，这时人立刻就会感到针刺一样的疼痛。"

喻儿叹着气："太扫兴了，那么可爱的行列虫居然会让人那么不舒服的毛，如果没有毛就好了，那样的话——"

"如果它们的身上没有毛，喻儿就会迫不急待地跑去看行列虫的队伍了。其实虽然它们身上有毛，但你要去看也是没有什么危险的，觉得痒的话，只要在皮肤上抓几下就行了。我们可以观察松树上的行列虫，它们不像橡树上的行列虫那么厉害。明天最热的时候，我带你们去松树林里看看行列虫的窝巢，但是，艾密儿和克莱尔太怕热了，你们不能去，我只能带喻儿一个人去。"

三十三、暴风骤雨

保罗叔叔和喻儿出发时天气又闷又热。太阳像火个火盆一样烘烤着大地，他们猜想，行列虫受不了这样强烈的光线照射，所以这样火热的天气里，它们一定躲在窝巢里避暑呢！

喻儿是一个天真而快乐的孩子，他的心里一直想着行列虫和它们的大部队，他急切地向前快步走着，把炎热和疲乏都抛在了脑后。他解开了脖子上的领巾，把外衣脱下来，搭在肩上。保罗叔叔在路边给他找了一根冬青枝做手杖，这样他走起路来能舒服一些。

这时的蟋蟀的叫声特别大，青蛙也在池塘中里大声地喧吵，苍蝇围着人飞来飞去，让人讨厌，路上偶尔吹来一阵风，带起一团旋卷的灰柱。对于这些现象，喻儿并没有注意，可保罗叔叔却一直在注意着天气状况，时不时抬头看看天空。天上有着一大片红云，这让保罗叔叔非常担心："我们快点走吧，要不然一会儿要下雨了。"

三点钟的时候，他们到了松树林里。保罗叔叔拉下一根大松枝，他没有猜错，这里果然有一个行列虫的大巢，而且，所有的行列虫都躲在窝巢里呢！可能它们也是看到天气不好，所以没敢出远门。他们在一棵松树下休息了一会儿，就准备回家了，休息的时间，他们又说起了行列虫。

喻儿说："叔叔，那些行列虫离开了自己的窝巢，分散在松树上的很多地方吃松叶。这里有很多丫枝都被它们吃成枯木了。你看那棵松树，它身上一半的叶子就像被火烧过似的，全都凋落了。我想看看行列虫是怎样排着队伍走路的，可是，我看到那些完好的树木都被那些可恶的行列虫吃得枯萎了，我就觉得那些树木太可惜了。"

保罗叔叔回答："如果那些松树的主人懂得保护这些树木，那么他们就应该趁着冬天行列虫聚居在窝巢里的时候，一把火烧光树上所有的窝巢，这样就能把那些毁坏树木的可恶的家伙消灭，让它们不能再生出小虫，这样就不会害得树木的嫩芽被咬食，从而阻碍树木的生长。如果这些行列虫生活在我们的果树园里，那么对于果树的害处就更大了。如果是那样的话，很多种类的虫都和行列虫一样成群结队地在我们的果树上窝巢，在这里生活。夏天时，那些虫子们都饿得发慌了，它们会遍布这些树木上，那么几个小时的时间，那些小虫就会把整个园子里的嫩芽统统吃光，果树就不可能再结出果实了。所以，我们要在春天到来之前找到这些虫儿们的窝巢，把它们从树上摘下来，放把火把它们烧了。这样，它们就不能影响将来的收成了。在人类和虫类的斗争中，还有小鸟这样的动物会来帮助我们，要不然，那些害虫的数目和人类相比简直太多了，一定会把我们的收成都吃光的。那些帮助人类的小鸟我们以后再讲吧，我们赶紧回去吧，现在你看，天上的红色云块越来越厚，也越来越黑了，一会儿就会形成一大堆乌云，不一会儿，它就会侵入天空中无云的部分。大风会比这些云来得更快，它能把松树顶都吹得弯弯的。在暴风雨来临之前，地上的干土会有散发出一种泥土的气息。"

保罗叔叔警告喻儿："我们现在还是先别走了，你看，暴风雨马上就要来了，只需要几分钟的时候，它就能到达咱们这里。现在，我们赶紧找个地方避雨吧。"

远处的大雨看上去像是一张灰暗色的帐幕，在天空中清晰地展现出来。这场倾盆大雨来得太快了，它的速度比最快捷的赛马还要快。雨转瞬之间就来了，凶神恶煞的闪电，像一把尖利的刀划过云层，雷在云的深处隆隆着咆哮着。

又一声特别响的雷声，喻儿被这雷声吓坏了，他吓得赶紧和保罗叔叔说："叔叔，我们别待在这个地方了，快躲到那棵大松树下面去吧，它的树冠那么大，在它下面，我们就不会被雨淋到了。"

保罗叔叔观察了一下，知道他们已经被卷进了暴风雨的中心，他回答喻儿说："孩子，这可不行，那棵树非常危险，我们要避开它。"

保罗叔叔急忙拉着喻儿的手，带着他穿过夹着冰雹的雨滴，他知道在松林外面有个从岩石中掘出的洞。他们刚跑进那个洞中，暴雨就瓢泼而至了。

他们在这里等了一刻钟，面对着这场暴风骤雨创造的雄伟的情景，忽然，他们看到天空中闪过一团耀眼的火光，就像是有一条曲折的线把乌云劈开了一样，轰的一声击倒了一棵松树，声音很大，听起来可怕极了，看上去像是天掉下来了。

这么恐怖的景象就在一瞬之间就结束了。喻儿被这样的景象吓得说不出话来，保罗叔叔非常镇静，丝毫没有被吓到。

保罗叔叔安慰着喻儿："孩子，勇敢一点，来，咱们拥抱一下，现在我们已经安全了。我们已经逃过了一次大危险：雷已经把松树击倒了，那棵松树就是我们刚刚想钻在下面去避雨的。"

喻儿说："叔叔，太可怕了。我刚才还以为我们会死呢！刚才的雨下得那么大，你还赶紧拉着我离开那里了。你怎么知道那棵树会被雷打中呢？"

"孩子，我当然不知道了，也没有提前预知到这个，但我之所以会害怕站在那棵大松树下，是有道理的，所以要找更安全的地方避雨。那时，我是感到恐惧了，于是决定要另外找一个地方躲雨，突然我决定来到这里。"

"那么你要避开那棵危险的树是因为什么道理？能不能告诉我？"

"当然可以告诉你，但是，最好等我们回到家以后，把这件事说给大家听，这样的话，每个人都能知道这个道理了，以后他们在遇到暴风雨的时候，都会知道在大树底下避雨是非常危险的事。"

这时，闪电和雷声跟着雨云一起到了远处。西方，太阳已经下山了，放射着晚霞的光彩；而暴风雨刚刚洗礼过的那一边，出现了一条漂亮的巨大的弧形的五颜六色的彩虹。保罗叔叔和喻儿已经走上了回家的路，他们为了看那有趣的行列虫的巢，为此付出的代价太高了。

喻儿把他和保罗叔叔在树林里遇到的情形，详细地讲给了他的姐姐和弟弟听。在讲述电闪雷鸣的时候，克莱尔像树叶那样地抖颤起来。她说："我看到了雷打倒松树，我一定会被吓得晕过去。"他们的心情平复下来后，好奇心大增，第二天，他们围在保罗叔叔的周围，让他讲讲雷的知识，喻儿提出了这个题目。

"叔叔，现在我不害怕了，能不能告诉我？在暴风雨来临的时候，我们为什么不该在树下避雨？艾密儿一定也很想知道原因。"

艾密儿说："叔叔，能不能先告诉我雷是什么？"

克莱尔说："对，我也想知道这个问题。我们知道雷是什么以后，就知道躲在树下面避雨为什么是危险的了。"

保罗叔叔赞赏地说："没错。你们以为雷是什么东西？"

艾密儿抢先说："我还很小的时候，还以为雷声是从天上滚下来的一个大铁球发出来的。天上有地方破了个洞，这就是雷。可是我现在长大了，也不会这样认为了。"

"你长大了？你的个头还不到我外套上最后一个纽扣那么高，但是，你的理解力确实已经提高了很多了，天上滚下来铁球的说法已经不能满足你了。"

克莱尔说："以前，我设想出来的很多理由，都不是正确的。以前我认为雷声就是一辆笨重的车子，车上还载着破旧的铁器，它发出的声音在天上滚着。闪电就是轮盘下面会滚出火星，看上去就像马蹄铁碰在石头上发出的火星似的。那个天顶的四周是峻岩峭壁，如果那车身斜了一下，车上的旧铁块也会翻下地来，把百姓、树木和房屋全都摧毁。昨天，我想起了曾经的这个想法，觉得自己当时太幼稚了，但是，现在我也不知道雷到底是什么东西。"

"你们对雷的两种不同的理解，虽然都是非常幼稚的想法，但是它们的意思是相同的，那就是你们都认为天顶是能发出声音的。可是，孩子们，那蓝色的天顶，是我们周围的空气构成的，只是由于包得太厚了，所以才会呈现出一种美丽的蓝色。你们要知道，地球的周围，可没有你们想象中的那个天顶，地球周围只有厚厚的大气层，大气层外面就是太空了，再也没有其他的了。"

喻儿说："这些都是无所谓的了，反正我们现在也不会相信它了。叔叔，快点继续讲吧。"

"继续讲？问题就在这里。孩子们，你们知道吗？你们的问题，有的时候让人很难回答。'讲下去'这几个字说起来容易，你们认为我的脑子里的知识多得数也数清，所以，当你们有不明白的问题时，就会跑到我这里找答案，从而满足你们的好奇心，但是，你们要知道，你们不知道的事情还有很多，一定要先有非常成熟的理解能力，才能懂理这些知识。你们渐渐长大了，只要多学习，就能知道你们现在不知道的知识，当然包括现在我们要说的打雷的原因。我所知道的关于雷的事情，我非常乐意把它告诉你们，但如果你们对我所讲的知识完全不能领悟，就只能怪你们自己好奇得太早了，因为这个题目对于你们来说太难了。"

喻儿仍然坚持着要听："叔叔，我们会非常认真地听的，你尽管讲好了。"

"空气是看不见、摸不着的，它静止的时候，你们也无法感觉到它的存在；大风刮来时，它把高高的白杨吹弯了，把叶子卷到天空中，把大树连根拔起，把房子的屋顶掀去，这时，你就能够感受到空气的存在了吧？因为风只是空气，它会到处流动，人们看不到，摸不着，静止的时候这样温和，所以说它是一种物质，但它又是一种非常野蛮的东西，因为它在运动时，是非常猛烈可怕的。也就是说，虽然它没有形状，我们看不到它，摸不着它，感觉不到它，但它就在我们四周，是确实存在的。

"还有一种东西，也是看不见的，它也存在于我们身上，比空气更难让人发觉。它非常安静，直到现在，你们都没有听到过它。"

艾密儿、克莱尔和喻儿听了保罗叔叔的话感到非常奇怪，互换了一下眼神，都在脑海里搜索着这东西到底是什么。但是他们所猜的，离保罗叔叔所指的东西相差太远了。

"你们就算想一天，甚至想一年，可能还是一点头绪也没有，你们知道吗？我刚才给你们讲的东西，是隐藏起来的，就算是科学家们找到它，也是用了非常

细密的搜寻功夫才找到一点影子。我们可以用科学家们的方法，也来把它找出来。"

保罗叔叔从桌子上拿起一根火漆棒，把它放在袖管上，快速地摩擦起来，接着，他就把这根火漆棒靠近一张小纸片，奇迹出现了，那张小纸片一下子跳起来粘在了火漆棒上了。这个实验反反复复做了好几次，每一次，那张小纸片都会跳起来贴在棒上。

"这根火漆棒自身并没有吸纸的功能，但它现在却能够把小纸片吸起来。火漆棒在衣袖上摩擦后外形并没有改变，一定产生了什么东西附在棒上了，只是那东西是看不见的，但它的确是存在的，因为它把小纸片吸在了棒上，和棒子粘在了一起，这个看不见的东西就是静电。

"你们也可以做做实验，用一块玻璃，一根硫黄的、树胶的或火漆棒等随便什么东西，用它在布上快速地摩擦，就会产生静电，这些东西经过摩擦以后，一会产生一种吸力，可以吸起一些如小片的柴草、纸屑或尘埃等小东西。如果今天晚上猫儿不吵闹，它就能让你们知道更多的知识。"

由于前天下了暴雨，所以现在外面的风，阴凉而干燥。保罗叔叔以此为借口，不顾老恩妈妈的干涉，把厨房里的火炉生了起来，老恩妈妈还在抱怨着不该生火。

她说："现在可是夏天，怎么生起了火炉？我可从没见过这样的事，只有我们的主人才会这样做，我们都会被烤熟了。"

保罗叔叔没有管老恩妈妈的唠叨，只顾做自己的事。他们坐在桌子旁边，猫儿吃过晚饭后，虽然没有感觉到冷，但还是坐在了火炉旁边的一把椅子上，不一会儿，它翻了个身，把背转向温暖的火，看那样子真是舒服极了，喵喵地叫着，一切都按着保罗叔叔所想的那样进行着，他的目的达到了，有几个人感觉温度太高了，但他并没有注意这些。

他告诉孩子们："你们知道吗？我之所以会生火炉，可都是为了你们啊！"

"孩子们，告诉你们，这是为猫儿生的火，你们没注意到它冷得直哆嗦吗？这些可怜的小家伙，你们看到它现在睡得多舒服啊。"

艾密儿看到保罗叔叔对小猫儿这么细致的照顾，捂着小嘴笑起来，但克莱尔却认为保罗叔叔这样做一定有他的道理，就赶紧用臂肘触了触他。克莱尔想的没错，晚饭过后，保罗叔叔就继续讲起了雷的话题：

"今天早晨我曾经告诉你们，在猫儿的帮助下，你们能看到稀奇的事情，从中学到知识。如果猫儿没意见的话，现在就可以让你们见到。"

他把小猫抱起来放在膝盖上，这时，小猫的身上摸上去热热的，孩子们都围了过来。

"喻儿，你去把灯吹灭了，下面的事，要在黑暗中才能进行。"

熄灯后，保罗叔叔伸出手，来回地抚摸着猫儿的后背。天哪！小猫的背上出现了一些亮晶晶的白色闪光，并随之发出细微的爆裂声，那些闪光用手一擦就没有了，孩子们看着从小猫身上爆出来的小火星，都惊呆了。

老恩妈妈叫着："别再弄了！咱们家的小猫后背上都着火了。"

喻儿问："叔叔，那些火星会烧起来吗？猫儿一声也不叫，你在它的后背上擦出这么多火星它都不知道。"

保罗叔叔说："那些闪光可不是火，那根火漆棒你们还记得吗？我用它在布上摩擦以后，就能吸起小纸片了。当时我告诉过你们，这是因为它的摩擦产生了静电，才把纸片吸到火漆棒上去的。现在，我的手一直摩擦着猫的背，也产生了静电，由于现在产生的电量多了，就能看到火星了。"

喻儿请求着保罗叔叔说："如果这些火星不会烧痛手，我也要试试。"

喻儿伸出手，放在猫的背上，摩擦了几下以后，也出现了亮晶晶的小白点和轻微的爆裂声。艾密儿和克莱尔也随后做了尝试。老恩妈妈害怕，她还认为猫儿身上发出的火星是保罗叔叔施的什么魔法。保罗叔叔让孩子们把灯打开，然后把小猫放开，大家用小猫做了这么久的实验，已把猫儿惹恼了，如果不是保罗叔叔按着它，它可能就会跳起来抓人了。

　　"把猫儿惹恼了它一定会发火的，我们可以用别的方法看到静电。第一步，你们找一张普通的硬纸，从它的长边对折起来，然后拿着层纸的两端；第二步把这张纸放到火炉上烘烤，不能烘焦，要烘到刚刚好即可。烘得越热，产生的静电越多。最后，手指捏着两头的纸层，在它被烤得非常热的时候放一块绒布，把它们快速摩擦，这块布被烘热了以后放在膝上。如果你的裤子的材质也是绒布，那么它就能在这上边擦。注意一点，摩擦的时候一定要沿着纸的长边，而且速度要非常快，擦一会儿后，一手把纸拿起来，这时要注意别让纸触到其他东西，如果它这时碰到了别的什么东西，静电就立刻消失了。所以，这时你要用你空着的那只手的指节或是钥匙放到纸的中心，一会儿，你们就能看到一些亮晶晶的火星，还带着一点轻微的爆裂声，从纸上连到手指或钥匙上。如果你们想再看一次火星，就要把刚才的实验过程重新做一次，因为手指或钥匙碰到纸上以后，纸上的静电就都消失了。

　　"如果不浪费一点电，你就要把那张有静电的纸，平放在小片的纸屑、草片或羽毛上方。这些静电就能把这些轻微的东西都吸起来，然后它们会被推回桌上去，接着再被吸到带电的纸上，再被推回到桌上去，就这样上下跳动着，而且速度非常快。"

　　保罗叔叔为了证明自己的话的真实性，把一张纸折成一长条，把它放在火炉上烘烤，再把这张纸放在膝上快速摩擦，最后，他把手指靠近纸条时，就会闪出一些火光。孩子们看着纸上发出来的闪电，还夹带着爆裂声，觉得这简直太神奇了。猫儿身上的火星虽然更多些，却不如纸上的火星更加强烈而光亮。后来，他们都说，那天晚上，老恩妈妈费了很大周折，才把喻儿哄回床上，因为他总要一遍遍做着这个有趣的实验，直到保罗叔叔告诉他这样的实验必须停止了，他才意犹未尽地回去睡觉。

纸上的电

三十七、富兰克林和狄洛马

第二天，克莱尔和她的两个弟弟都在谈论昨晚上的静电实验，这个话题成了这天早上他们谈论的中心话题。他们对猫身上的火星和纸身上的闪光印象很深了，所以，保罗叔叔为了要提醒他们的注意，就想到要利用这个实验，他想了想，继续讲。

"我知道，你们三个人一定很奇怪，为什么我把雷的知识告诉你们之前，要擦火漆棒、纸条和猫背。你们一会儿就知道其中的原因了，现在我来给你们讲个小故事。

"一百多年前，法国有一个名叫尼拉的小县城，县长名叫狄洛马，他想出了一个非常有名的、科学史上从未有过的试验。在一个暴风雨的天气里，他带着一个大纸鸢和一团线跑到了乡间。还有两百多人都带着极大的兴趣跟着他一起去了。这位县长非常有名望，他到底去干什么呢？难道他忘记自己的尊严的职务，要做什么无聊的游戏了吗？城里那些对他的事非常感兴趣而赶来的人们，是为了看孩子们放风筝的吗？

"当然不了，狄洛马这样做是为了一个大胆的计划，因为他要发现一种人类知识史上始终被蒙蔽着的东西，他的这个勇敢的计划，就是要把雷从天上的云中心引下来。

"勇敢的试验者要用纸鸢把雷从乌云中引下来，他用的纸鸢就是你们平时经常见到的那种，唯一的不同点就是在麻线里装进了一根铜丝。那时刮起了大风，这个纸鸢一下子就被带到了高两百米的天空中。还有一条丝线系在铜丝的下端，为了使这根丝线不会淋到雨，把它的另一端系在一间屋子下面。还要在麻线上系一根锡制的小圆筒，使它能碰触到麻线里的铜丝。最后，狄洛马拿了一根小锡圆筒，和麻线上系着的小圆筒相同，其一头是长玻璃管，可以用来当作手柄。这个东西叫做'励磁器'，狄洛马就是用了这一个家伙，手执玻璃柄，用它去触从云中下来的火，纸鸢的铜丝把火引到线端的锡圆筒上。丝线和玻璃柄可以阻挡电的进路，或是把它引到地下或实验者的身上，因为除非电非常强时可以冲过去，否则这些东西是不导电的，而金属则不同，它可以导电，使电流通达无阻。

"这就是狄洛马所发明的简单的导电装置，用这个工具就可以做他那个勇敢的实验了。纸鸢是孩子玩的玩具，让它飞入云里，会发生什么事？那时候，人力还能左右它吗？尼拉城的县长一定对这件事深入地思考过，而且有百分之百成功的把握，才敢在几百个观众面前做这样的实验，如果他这次实验失败了，该是多么丢脸的事。

"现在乌云已经离纸鸢越来越近了，狄洛马把手中的'励磁器'放在系在麻线末端的锡圆筒上，这时，一下子闪出一道耀眼的火花，触在励磁器上，接着又有一道闪电，然后轰地一声，纸鸢一下子就消失了。"

"昨天晚上，我们在那张烘过和擦过的纸上和喻儿用手触猫的后背时看到的情形也是这样的。"

保罗叔叔说："是的，其实它们是一样的东西。雷，猫身上的火星，纸上的火花，它们都是电，再看狄洛马的实验，鸢的线上是有电的，是小规模的雷，这上面的电量很少，所以是没有危险的，狄洛马立刻用手指去碰触它。每次他的手指与小锡圆筒接触时，都会引出一团火花，看上去像是被励磁器引出来的似的。他的榜样作用非常大，观众们的胆子都大了起来，他们也纷纷要学着狄洛马的样子引发电的爆裂，他们围着稀奇的圆筒，这只圆筒上有着被人类的智慧引导下来的天上的火。大家都想像狄洛马一样用自己的手指把云里的火花引导下来。就这样，他们和雷安全地玩了半个小时，这时，忽然有一个猛烈的火花串到了狄洛马的身上，差点把他击倒，再继续玩就会有危险了，暴风雨越来越近了，厚重的乌云到达了纸鸢的顶上。

"狄洛马一点也没有慌张，他保持着冷静，让观众们赶快退到一边，只有他一个人还留在那里，观众们觉得很害怕，他用他的励磁器从锡圆筒上引出了一个猛烈的火花，力量非常猛，这样的力量可以把一个人击倒。接着，许多火带像蛇一样弯弯曲曲地向四面八方射出去，发出很大的爆炸声。每根火带至少有两三米长，任何人被这些火带碰触到，都会立刻死掉。狄洛马怕会发生危险的事，让好奇的观众们走远些，自己也不再触电火，因为他知道，这实在是太危险了，可他就是有股不怕死的精神，这让他再次鼓起了勇气，他继续靠近了危险地带进行观察，异常的镇静，就像这是一次完全没有危险的观察一样。他的周围有一阵像是熔铁炉中的沸声一样的吼叫声，空气中弥漫着燃烧的气味，纸鸢线的周围有一层亮晶晶的外壳，看上去就像是一条连天接地的火带一样。地上有三根长稻草，它们不断地向线上跳，跳上去后又跌落下来，这样持续了很长时间，观众们看得津津有味。"

克莱尔说："晚上，羽毛和小纸片在带有静电的纸和桌子之间跌下来跳上去的道理和这是一样的。"

喻儿说："当然了，刚才叔叔告诉了我们，被快速摩擦过的纸上也有静电，只是数量太小了。"

"你们终于认识到这一点，就是摩擦一种东西所得来的静电和雷是相似的。狄洛马所做的实验就是为了证明这一点。我认为这太危险了，你们看那些勇敢的实验者经历的事情是多么的危险啊！刚才我已经和你们说过了，三根稻草在地上和线上跳来跳去，这时，那里突然有一阵猛烈的爆发，观众们都吓得面如土色，一个雷掉了下来，把地打成了一个大洞，地上一下子尘土飞扬。"

克莱尔急切地问："天哪！那狄洛马死了吗？"

"没有，狄洛马一点事情也没有，他的脸上露出了得意的微笑，在这次大胆的实验中，他的先见得到了充分的证实，这个实验说明，观察者可以把雷从云上引导下来，也证明了，雷为什么是电。孩子们，这个实验，并不只是为了满足我们的好奇心，它证实了雷的性质，雷是非常猖狂的，所以我们要想方设法来避免，这就是避雷针，这个问题以后再讲。"

克莱尔说："狄洛马冒着生命危险做了这样伟大的实验，那么当时的人一定对他非常敬重了，他一定赚了不少钱吧？"

保罗叔叔回答："孩子，事情可不像你想象的那样，真理很难找到可以自由发展的立足点，它还要和世人的成见与无知作不屈不挠的斗争，这样的斗争是残酷的，有时，很有力的一方也有可能战败，狄洛马后来想在波尔都再举行一次类似的实验，可人们却把他当成是危险人物，想用妖法把天上的雷吸下来，用石块把他打了。没办法，他只能丢下他的实验装置，孤身一人逃跑了。

　　狄洛马举行实验前的一段时间，美国的富兰克林也对电有同样的探求。本杰明·富兰克林出身贫寒，他的父亲是一个贫苦的制皂工人。他的家里只有很少的书籍纸笔等学习用具用来学习写算。但即使学习条件这样艰苦，他的学习成绩仍然很好，因为他学习非常努力，后来还成了一位伟大的人物。一七五二年，一个暴风雨日，他带着他的儿子来到乡下，这里离费城不远，他的儿子拿着一只丝做的纸鸢，在纸鸢的四个角上分别系着两根小玻璃棒，下面还有根金属尾巴，连接到下面阻电的机关。小小的纸鸢很快进到了乌云里，一开始什么事也没有发生，线上也没有电的影子。不一会儿，下起了雨，潮湿的线加速了电气的流动，富兰克林知道，他终于把雷从乌云里偷了出来，开心极了，他顾不上危险，跑过去用手指触出一团火花，这团火花太猛烈了，如果把它引导到烈酒上，烈酒一下子就能燃烧起来。"

三十八、雷电与避雷针

"雷被富兰克林、狄洛马等聪明勇敢的人深入研究了以后，它的秘密才被揭开，他们所做的实验也告诉了我们，电量很少的时候，手指一碰就会产生闪亮的火花，实验者也不会受到任何伤害，如果某件物体上含有了电，也会吸引旁边的微小东西，就像狄洛马实验中所用的纸鸢线一样，它带电以后就可以吸引稻草，就像是被快速摩擦过的火漆棒和纸能够吸住轻羽毛的情形一样。总之，这些实验都告诉了我们一件事：雷的产生原因是电。

"有两种电是完全不同的，它们在各物体中都有，量也相等。两者混在一起的时候，根本分辨不出来，就像它们根本不存在那样。但如果它们分开，就会互相找寻、吸引，而且不管中间夹杂着什么东西，仍然能够排除万难。两者见面的时候就会有爆裂声响起，还会发出一闪电光。一切恢复原状后，就会平静了，直到这两种电性重新分了开来。这两种电是相辅相成，合成一种无形、无害、无力的电，就是'中性电'，它无所不在。令物体受电，就是分解它内部的'中性电'，目的就是为了分开这两种混在一起时一点无力的电，使它们奇异的特性显现出来，就是它们求合并的剧烈倾向。要分离开这两种性质的电，摩擦是一个非常好的办法，还有其他很多种方法，物体自身内部的急剧变动，也可以把这两种性质的电分离开。所以，水被太阳蒸发后，形成的云，是非常容易带电的。

"两个带不同电性的云靠近时，这两种相反性质的电，就会往一起求合并，它们的合并会爆发光亮而迅速的强烈火焰，这就是我们平时所见的闪电，还夹带着隆隆的声音，这个声音就是雷响。最后，带电的云中会跳出电的火星，落到地上另一种带电的物体上。

"我们平时所听到的雷，只是一阵突然的光亮和它爆炸发出的巨响。如果你们看到电，不要害怕，你们要知道，乌云是暴风雨的中心，你们要注意看它，就会看到耀眼的光线，有时候只有一条，有时候就是像树杈一样分支着多条，弯弯曲曲的，颜色好比在火炉里烧到白热的金属光焰，简直可以和太阳发出的光亮相比了。"

喻儿插嘴道："暴风雨那天，那棵大松树被雷击倒的时候，我看到它了，非常耀眼，照得我看不到别的东西，就像太阳的光亮一样。"

艾密儿说："下次暴风雨来临时，如果叔叔在，我就能好好地看看它了，如果叔叔不在我身边，我一个人可不敢看。"

克莱尔加了一句："我也一样，叔叔在的时候，虽然我也害怕，但叔叔能给我壮胆子。"

保罗叔叔怜爱地说："孩子们，我一定在你们身边的，这样，你们就可以在暴风雨的天气，好好地欣赏电光闪耀雷声隆隆的壮观景象了。云的中心射出雷的耀眼光芒，到处回响着隆隆的爆炸的声音，那时你们就会被这样吓人的景象吓住，但这是大自然在表现它工作的庄严，对此，你们只有恐惧，没有虔诚，因为你们不知道，在这个一瞬间，大自然完成了它的一项神圣的工作，虽然雷非常可怕，但它很少出事，它是大自然治理空气中的浊气的神奇方法，那些浊气闻多了，我们就会有生命危险的，雷可以把它们一扫而空，使空气新鲜。我们清洁房间里这种空气时，用燃烧稻草和纸头的火把，而大自然则用雷的大片火焰来净化周围的空气，方法相像，作用相同。那些把你们吓得浑身发抖的雷，可以保证人类生活的空气卫生，它对生命安全非常有益，在暴风雨过后，雷清洁了空气，我们就可以呼吸新鲜空气了，这是多么令人愉快的事情？所以，打雷的时候，我们不要害怕，要知道这可是大自然派雷和电来给人类做卫生工作了啊！

"雷，和世界上任何东西一样，都在为人类贡献着自己的力量，也和别的东西一样，偶尔会给人类带来伤害，这时，我们就把它们的好处通通忘掉。现在，我们好好研究一下雷给我们带来的危险。我们要知道一点，雷通常都是击中地上最高的地方，因为在地上，和乌云中的电力相互吸引的相反电性的电，在最高处聚集得最多，等待着和与它相吸的电合并。"

克莱尔记得所有听过的故事，她说："那两种在找机会重逢的电，一定是要排除万难来相会的。

"地上的电会拼命想和云里的电合并，于是它就会升到一棵高树的顶上，而天空中乌云里的电就像冲向树上的电，而这两种相互吸引的电合并后不可能安安静静，而是会急速冲向对方，发出爆炸的巨大声响，这之后，那火带就会冲到树上了。叔叔，是这样的吗？"

"没错，聪明的孩子，你说得很对，我也无非是要给大家讲这些，就是因为这个原因，所以很多高高的房子、塔、峭壁、大树很容易着天火。你们要记住，在旷野上遇到暴风雨时，千万不要躲避到一棵高而孤立的树下面，这样是非常危险的事情。因为那棵树是一个高点，它把地下的电都积聚身上，这样才能吸引乌云里的电与自己合并，如果雷就在附近，那么它很容易落到那棵高于地面的树上。每年都有一些可怜的人在树下避雨时被雷击死的惨剧，这都是因为他们太不小心了，不该找棵大树来避雨。"

喻儿说："叔叔，如果暴风雨的那天，你并不知道这些知识，听了我的建议，到那棵高大的松树下面去避雨，我们大概已经被雷击死了。"

"雷在击中大树的时候，会不会饶过我们，这可不敢想象。一个人由于自己的无知让自己陷入危险，还要等着上帝来救我们，这种勇敢没有任何用处，人只要有知识，就可以自救。我们靠着自己所知道的知识救了自己，现在才能平平安安地待在家里，所以，我告诉过你们的事情你们都要牢牢记住，我还要告诉你们：在暴风雨来临时，千万不要待在高墙、峭壁，特别是高大而孤单的大树下，这些都是非常危险的。诸如为了避免空气起猛烈的变化而不要乱跑，为了阻止空气的流通而关闭窗户等，都是没有任何科学道理的，雷的进路不会受空气流动的影响。火车行驶速度非常快，它把空气扰动得非常猛烈，和静止的物体相比，却不容易触到电，这些道理在日常生活中也有很多。"

艾密儿说："打雷的时候，老恩妈妈急急忙忙地把窗户关起来了。"

"老恩妈妈和很多人一样，她以为只要没有看到危险，就不会有危险，把自己关在房间里，听不见雷声，看不见闪电；但就算是那样，也不一定就是安全的。"

喻儿问："那有什么好办法可以预防吗？"

"一般情况下是没有办法预防的，只能是顺其自然。

"可以用避雷针来保护特别危险的房墙，避雷针是天才富兰克林发明的。避雷针是一根硬铁，又长又尖，一般都装在房顶上。这根铁的下端和另外一根铁相连，这根铁顺着房子蜿蜒伸到潮湿的地下，或是干脆把它埋在深的水井下面。由于这时避雷针是离云最近的东西，所以，雷落下来的时候会直接打在避雷针上，而且避雷针是金属的，非常适合电流通过。而且它的尖头起到的作用非常大，雷打在避雷针上，避雷针就能把电导到地下，不会对人类或建筑物造成任何损失。"

　　"电无法顺利通过的物体，雷都会把它毁灭掉。岩石算得上非常坚硬了，雷照样可以把它击得粉碎，把击碎的石块弹飞出去，可以掀起房顶，把参天大树一瞬间劈开，击成碎片，它可以把墙垣甚至于墙垣的基础全部击翻了。它被避雷针导入地下时，会一路分解泥沙，形成一段不整齐的玻璃管形。那些铁链、钟的铁线、框架之类的金属就是电流可以顺利通过的东西，它会把它们烧红，熔化，甚至蒸发。总之，它最先落入的物体一定是金属物体。有这样的情况，雷损坏了人身上穿戴着的如金链、金属纽扣和金钱等各种金属物，可是人却没有受到任何伤害，还有一些稻草饲料捆等易燃物，雷都可以把它们点燃。

　　"我以前和你们说过，从纸上摩擦得来的很弱的电火，我们触摸到它时，只会感受到非常轻微的感觉，最多也只是有一点刺痛而已。但是人类把电应用到机器上时，它产生的电就足以让人失去宝贵的生命。比较强的电击中人的身体时，人会觉得关节部分受到了猛烈的打击，接着会全身抖动，腿膝瘫软。如果击中人的是更强烈的电，那么他的关节部分就会非常痛苦，这样的电，力量非常大，足以杀死一头牛。

　　"雷产生的电力非常强，比人类发明的发电机的电量强很多，它如果击中人和兽，就能使他们受到非常猛烈的打击，会一瞬间把他们击倒，灼伤，甚至立刻死掉。受到电击的人，身上会留下一些火烧的痕迹，当然了，也不是所有被电击过的人身上都有痕迹。所以，被雷电击死的人，是由于身体上受到突然而猛烈的震撼才死的，身上不一定有伤。有的时候，这种死只是休克，是暂时的，因为电的猛烈一击使人体的血液循环和呼吸停止了，这两者是人体的主要活动机能，所以人会出现休克，但如果这种状态持续一段时间，人就必死无疑了。面对这样的情况，可以用对待溺水者的急救方法来对他施救，就是人工呼吸法或压迫胸口的呼吸运动，使他苏醒过来。还有一种情况，就是电只麻痹了人身体的一部分，使它暂时失去了知觉，但过不了多久，就会不治而愈的。"

第二天早晨，保罗叔叔想要结束雷电的话题，于是他又讲起了云。很巧，就在保罗叔叔讲起云的时候，天边就有一片像棉花山一样的白云。那些东西飘浮在天空中，像棉花糖一样，让人看了心情愉悦。

保罗叔叔开始讲了："还记得吗？秋天的季节里，早晨的天气很潮湿，那些晨雾形成了漫天白色的幕，笼罩着大地，挡住了太阳的光芒，于是，就算距离我们几米远的东西我们也看不清楚了。"

克莱尔说："是这样的，叔叔，仔细地观察空气，就像有很多非常细小的小滴在飘浮在空气中一样。"

喻儿接着说："我和艾密儿还在这样的白雾里玩过捉迷藏呢，我们相隔几米的距离，就都看不到对方了。"

保罗叔叔点点头，接着讲起来："是的，孩子们，其实云和雾是一种东西，只是雾布在我们周围，让我们看到了它的原形：灰白、潮湿、寒凉；而云则是高高飘浮在天空中的，有的云非常白，你们看，那边的那朵云就是这样的。还有的云颜色是火红色或金色的，有的颜色是灰色的，还有的是乌黑。云的颜色不是一成不变的，黄昏时，你们注意看一片云，它一开始是白色的，不一会儿就会变成红色，再后来会变成琥珀色或者黄金色的，最后，射在上面的太阳光越来越少，它们的颜色也越来越淡，慢慢变成灰色或黑色。它们之所以会有这些颜色的变化，都是因为太阳光的照射造成的。其实不管多么漂亮的云，它们都是由水蒸气组成的，就像我们周围的雾一样。如果我们能站在云朵的旁边，你就能看清楚了。"

艾密儿问："人可以升到云那样的高度吗？"

"当然能了，只要你的腿够强壮，就能爬到山顶上去。那时候，从前遥不可及的云不就在你的脚下了吗？"

"你以前把云踩在脚下过吗？"

"是的，我这样做到过。"

"那云一定非常漂亮吧？"

"是的，漂亮极了，可是，当你被云包围了时，就不会再觉得它漂亮了。昏暗的雾，使人迷路、昏乱，使你们大感困苦。当你的前面就是深不见底的渊谷时，你却无法看到眼前的危险，这样就会使你发生事故。所以说，当你置身云雾中时，你就不会感到快乐了。我和你们说的这些，你们都要记牢，或许有一天，会对你们有帮助。现在，我们来幻想游一座被云雾笼罩着的山。就算环境很好，那我们所看到的也只是雾蒙蒙的。

"我们头顶上是清爽晴朗的天空，太阳光照射在我们的脚下，差不多是在平原上，白云被风吹着缓慢地游走着，被吹到了山顶上。从远处看，人们会以为这是有人用一双看不见的手把一堆棉花沿着斜坡推上山来。一束太阳光射入云中，它立刻呈现出金黄和火焰的颜色。这样的美丽比黄昏时的晚霞还要漂亮。绚丽的色彩，看上去柔软的样子，它们越升越高，现在它们就像一条光亮的丝带一样环绕在山顶的周围，平原都被它遮住了。现在，我们想象自己正站立在云幕之上的一个海中小岛上。后来，这个位置也被云彩包围了。那些温暖的色彩，软软的轮廓，美丽眩目的风景全都不见了，取而代之的是一片昏

暗的雾，浸透的湿气，让人感觉非常不舒服，只希望能刮来一阵风，把这片讨厌的云快些吹走。

"孩子们，每个人都想站在云端，可是那云从远处看的时候非常美丽，但走近其中才知道，它只是我们平时经常会见到的沉闷的雾。所以说，云的景色只能从远处观赏。当我们对它充满好奇心，走到近处细细观察时，就会发现我们被它骗了，可是我们不得不承认，就是这些漂亮的云彩，把山野装饰得如此美丽。云的变幻只是形状的变化和光的幻象，这美丽的幻象中，有的只是雨水，是地球生命的源泉。这最普通而又最必需的细小物质，操纵着大自然，成为地球的装饰，尽管它的实际形状非常丑陋。可是远观的时候，云的美丽仍然令人遐想。灰白色的云给了我们雨水。那也是它主要的工作，而太阳照射在它身上，令它发出金紫火红的色彩时，它就发挥出了它的装饰作用。

"云的高度各有不同，而且也不像我们想象的那样高，有的云非常懒，它们只在地面上爬，这样的云就是雾。有的云盘旋在山腰上，还有一些云冠盖着山巅。它们所在的地方，离地面的高度大约有五百至一千五百米，还有的云能升到十六公里以上的高度，这种情况以外的天气，都是晴朗的好天气，云升不到一定高度时，雷就不会触及它，那样的话，雪、雹和雨就无法形成了。

"有一种像软羊毛似的云叫做'卷云'，有的时候像是洁白的乱丝，和蓝天相互映衬着，好看极了，它们非常高，是云中最高的云，一般高四公里左右。有时候，卷云是又小又圆，紧紧挨在一起，聚得非常多，看上去就像是一群羊的背紧挨着那样，这样的云叫鳞斑云，一般情况下，有这样的云出现时，就预示着天气会有变动。

"夏季炎热的时候，有种像是棉花和羊毛堆成的大山一样的圆边的大白云，叫做'积云'。它们出现时，一般都会带来暴风雨的。"

喻儿问："那么，那些靠近大山的云是积云吗？它们像是一团棉花，它们的出现也预示着暴风雨会到来吗？"

"我想不会的，风正吹向别处，暴风雨应该是在那个地方发生了，孩子们，你们快听那边的声音。"

突然，从一堆积云里发出了一阵闪电。过了一会儿，又有雷声传来，但声音很微弱，听起来离他们非常远。这时，喻儿和艾密儿立刻有了新的问题："为什么我们这边没有下雨，那边却下雨了呢？为什么雷声比闪电晚出现呢？"

保罗叔叔说："我正要告诉你们这个，我们要先看清这种云的形状。有一种云看上去像是飘浮在日出和日没的地平线上的一条不整齐的带。特别是在秋季的时候，太阳光微弱，这样的光线把云朵渲染成熔化的金属与火焰般的颜色，就是这种云。这样的云往往预示着暴风雨的到来。

"还有一种乌云，它通体都是灰色的，堆得非常紧密，让人分不出云块。这样的云就是'雨云'。这样的云一般情况下都变成雨。远远望去，雨云像是一条条宽丝带从天接到地。这些都是雨脚。

"这次轮到艾密儿提问了。"

THE STORY OF
NATURE
四十一、声音的速度

艾密儿说："那边的一片叫做'积云'的大白云里面，现在夹带着暴风雨。刚才，我还看到了闪电，听见了雷声。可我们这里的天气却很晴朗，所以并不是所有的地方在同一个时候都会下雨。别的地方下雨时，我们这里却天气晴朗。可我们这里下雨的时候，天上一定是乌云密布的。"

保罗叔叔解释说："是的，孩子，不论云朵是很远还是很大，效果都是一样的，它都能把我们上方的天空遮起来，使漫天乌云密布。但是在乌云所盖范围以外的天，天气仍然是晴朗的。你们看那边雷声隆隆的乌云下面，天看起来乌黑乌黑的，你们就知道那里一定在下雨了。可在那个地方的人们眼里，他们都被云包围着，四周都是雨天的景象；如果他们来到云的外面，他们看到的天也是晴朗的了，就和我们所见到的是一样的。"

艾密儿提议："那就骑上一匹快马，逃开那云，跑进天晴的天空下面来，我们也可以离开这样晴朗的天空，走到下雪的乌云下面去。"

"它们有时候或许会这样的，可这样的时候是非常少的，因为云遮盖住的地面太大了。另外，云也会游走的，从这里跑到那里，速度非常快，即使是最好的骑师也追不上它。你们应该都看到过，风把云吹走时，我们看到它的影子掠过地面。原本它还覆盖着高山、峡谷、平原、水路，但是一小会儿的功夫，就都被它跨过去了。你刚刚爬到山顶上，一朵云的影子就从你的身边溜过去了。你刚往山下走了几步，那个影子就像巨人一样，迈着大步一下子跨到对面的山上去了。这样的速度谁能追得上呢？

"有时候，下雨的区域很大，但不可能全世界一起下雨。就算是一个省都同时在下雨，但一个省的范围和全球相比，还是太小了，就像是一个小泥块和一大块田在相互比较。风追赶着云朵，在天空中到处游走着，它们所到之处，遮住了太阳，或者下着雨。它们所到之处都会下雨吗？当然不是的。哪怕是同一个地方，也会由于那个地方在云上面或云下面的不同，会或晴或雨的，比如在山顶上的时候，云往往是在你的脚下的，那么，地面在云的下面，就会有暴风骤雨，可山顶上却天气晴朗。"

喻儿说："叔叔，这个问题太容易懂了，现在该我问你问题了。从我们这里观察那片乌云，为什么是先看见电闪，等一会儿才会听到雷的声音呢？为什么它们不是一块来的呢？"

"雷是通过光和声表现出来的。光是闪电，声是雷。这和在远处观看放枪的情形一样，先看到火药的爆炸时发出的光，然后才听到枪声。爆炸时，光与声同时发生，可人们先看到的却是光，那是因为光的速度比声音快，所以它比声音先到。如果你在很远的地方观看放枪，你会先看到火药爆炸时的发出的光和烟，过一会儿才会听到声音，放枪的地方距离你越远，你听到声音的时间就越长。光一瞬间就能跑过一个很远的距离，所以火药发出的光可以使在远处的你立刻就能看到。可声音跑得比光慢多了，所以它不能马上传到你的耳朵里，要经过很长的距离和时间，这个很容易就可以测算出来。

"假定你看见一个大炮轰发时的火光到听见炮声间隔的时间是十秒钟。如果发炮的地点距离听见声音的地方距离是三千四百米，那么声音的速度就是一秒钟三百四十米，这个速度非常快，可以和炮弹相比了，但是和光速相比，就慢得多了。

"从下面这个事例也能看出声与光的速度不相等的事实。看到远处有一个樵夫在伐木或一个石工在开石。我们都是先看到斧头砍在树上或鎚击在石头上的景象，过一会儿才听到伐木和敲击石头的声音。"

喻儿恍然大悟道："在一个星期天，我在距离教堂很远的地方看撞钟。当时我明明看到钟已经敲了，可就是没有立刻听到钟声，现在我知道这是为什么了。"

"先看见闪电，过一会儿才会听见雷声，如果你们能把中间间隔的时间记录下

钟鸣声

来，就能知道那暴风雨的云离我们的距离了。"

艾密儿问："一秒的时间长吗？"

"一秒的时间差不多等于我们脉息的跳动一下的时间。想知道间隔的时间，只要一、二、三、四地这样匀速数下去就可以了，只要一看到积云里的闪电亮了，就开始数，一直数到听到雷声为止。"

大家仔细地观察起来。不一会儿，就看到闪电亮了一下。他们立刻数起了秒数，一——二——三——四——五，数到十二的时候才听到雷声，但是声音却非常微弱。

保罗叔叔说："雷声走到我们这里用了十二秒钟的时间，如果声音的速度是每秒钟三百四十米，那么雷距离我们多远呢？"

克莱尔抢着说："只要用三百四十乘十二就可以了。"

"孩子，很不错，你算吧。"

克莱尔快速计算了一下，得出的答案是四千零八十米。

保罗叔叔说："闪电的光和我们之间的距离是四千零八十米，也就是说，我们离那片雨云相距四公里多。"

艾密儿得意地说："这太简单了，你数着一，二，三，四。不用费力去测量就能知道离雷有多远。"

"闪电与雷声间隔的时间越长，说明我们距离那云越远。闪电和雷声几乎同时进入你的眼睛和耳朵时，那么这个雷和你之间的距离就非常近了。这个问题，喻儿非常清楚了，那天我们两个人在松树林里，已经近距离地观看过一次了。"

克莱尔说："叔叔，是不是闪电过去以后就安全了。"

"雷电的速度非常快，和光一样快。所以雷的爆发只在一闪光之间，它闪过之后，不管雷声多么响，都没有危险了。"

四十二、用冷水瓶做个实验

昨天晚上，保罗叔叔已经用很多事实依据说明了云其实就是雾，只不过它是上升到天空中的，而不像雾那样满布在地面上，可是保罗叔叔还没有讲它是用什么东西做成的呢。所以，第二天，他又讲起了云。

"老恩妈妈为什么要把刚洗好的衣服晒在绳子上呢？因为她要使布里的水赶快蒸发掉，你们知道这些水从布里蒸发掉后去了哪里吗？"

喻儿回答："我知道，它消失了，可是再后来它去了哪里我就不知道了。"

"这些水都蒸发到空气中了，它被分解成了和空气形态差不多的东西，当你把一堆沙子弄湿的时候，那水就会渗进沙子里不见了。那时，沙子有这样两种情形，最初是干的，被渗入水后成了潮湿的。水渗到沙里，沙就把水吃到身体里了。空气也一样，它把布里的水分吸到自己身上去，使自己变成潮湿的，空气饮水饮得特别干净，让你根本看不出水在哪里了。水消失在空气中后，就成了'水蒸气'，也就是说，它现在已经从液体成了一种气体，这样的变化叫做'蒸发'。我们平时把潮湿的布晒干，其实就是把布里的水蒸发了，水分成了看不见的水蒸气，混合化在空气中，又被风吹到四处。天气越热，水气蒸发得越快。你们有没有注意过，在烈日下晒一块湿手帕，很快就干了，可是当太阳被乌云遮住或天气寒冷时，那些水气就很难消失了。"

克莱尔说："老恩妈妈洗衣服的时候，如果天气晴朗，她就会很高兴。"

"你们还记得吗？我们的花园里洒了水以后，是什么样子？在一个炎热的黄昏，那些花草们渴得无精打采了，我们给它们饮水时，就发生了这样的事：抽水机抽得很急，你们都拿着喷壶手忙脚乱地急着给渴着的花草、苗床和盆花洒水。一会儿，整个花园里的花花草草都喝得饱饱的了。这些被晒得枯萎的花草又再次恢复了精神，开心地直挺挺地立正着。这时你们一定会认为它们在互相倾诉着喝了水后的欢喜。希望自己永远都能像现在这样快乐！可是第二天，泥土就又被太阳晒干了，又要重新浇一遍水。那么，昨天浇到它们身上的水到哪里去了呢？它已经蒸发到空气中了，可能它们现在已经升到很高的高空中了，后来就变成了一片云，再后来就变成了雨落回大地上。喻儿用抽水机浇花浇得很累时，他怎么也不会想到，他从井中抽出来的水，浇到花的身上后，迟早会蒸发到空气中，最后再变成云，在这个过程中，喻儿也尽了自己的一份力。"

喻儿回答："浇花的时候，我怎么也没想到我等于是在浇空气，现在我总算知道了：空气是水的大吃客，我浇在花盆里一壶水，花草可能只喝了一杯水，其余的水都被空气喝了，也正因为这样，我们才需要每天浇花。"

"那么，如果你在太阳下放一盆水，这盆水最后会发生什么呢？"

艾密儿抢着回答说："这个问题我知道，我要回答，那些水会逐渐蒸发成水蒸气，分散到空气中，最后只会剩下一只空盆。"

"一盆水、一块泥土和一条湿布中的水分的蒸发，水量还是非常少的，那么全地球的水量发生这样的情况会成怎样一种情形呢？空气接触着无数的水地、湖泊、沼泽、溪流、江河、沟渠、海洋，还有潮湿的泥土。海洋的面积是陆地面积的三倍。刚才喻儿说空气是水的大吃客，这次它一定喝个够，而且到处都有潮湿的土地，它喝的水量要看热的程度。

"我们周围的空气，看不见，摸不着，单凭肉眼也无法分辨出它里面有什么东西，但即使这样，也有办法使空气中所含的水再现出来。方法非常简单：只要把空气弄得凉一些就可以了。你用力挤压一块湿海绵，水就会流出来。而空气在阴凉的环境下，就像你用手挤压海绵的道理是一样的，潮湿的空气在阴凉的环境下，就会凝成小水滴。克莱尔，如果你愿意到抽水机那里去取一瓶凉水来，我就可以做这个实验给你们看。"

克莱尔赶紧跑到厨房取了一瓶凉水。保罗叔叔拿着这瓶水，用手帕小心地把瓶子外面的潮湿水汽擦干，又擦干了一个盘子，把这个瓶子放在盘子里。

一开始，瓶壁还是非常透明的，不一会儿，瓶壁上就附上了一层雾一样的东西，把透明的瓶壁弄得非常模糊，又过了一会儿，有很多微细的小水滴从瓶子的四周滚下来，滴落在碟子里，十五分钟后，盘子里的水已经有一个针箍那样深了。

保罗叔叔解释说："显而易见，水不可能钻得过玻璃，所以说，这些水并不

是从瓶子里流出来的，而是瓶壁上的水珠流下来流进盘子里的，这些水汽是从周围的空气中来的，它们碰到装着冷水的瓶子时，它里面的潮湿成分就会冷却下来凝聚成水滴。如果水瓶里的水更凉或是结了冰，那么凝聚在瓶壁上的水滴一定会更多。"

克莱尔说："这个冷水瓶让我想起了一件事，也是这样的情况，我在一个擦得非常干净的玻璃杯里面装满了冷水后，不一会儿，杯的四周就会变得非常模糊，就像我没把它擦干一样。"

"那种情况也是因为玻璃杯四周的空气中的潮湿水汽凝聚在上面的原因。"

喻儿问："那么，空气有很多这样能看到的潮湿水汽吗？"

"在空气中，这种肉眼看不到的水蒸气，在空气中散布得到处都是，而且非常稀薄，要凝结成我们看到的少量的水，需要的空气非常多，炎热的天气，空气中水蒸气的含量是最多的，要得到一升的水，需要的潮湿空气为六万升。"

喻儿说："那是很少的。"

保罗叔叔回答："如果人们想到空气的体积是多么的庞大，那就很多了。我们通过冷水瓶的实验知道了这样两件事：第一，空气中有很多肉眼看不到的水蒸气；第二，这种水蒸气遇冷就会变成雾气，就能看得到了，然后再成为水滴。这种水蒸气从看不见到能够看见的水蒸气，最后成为水的形态，这种循环过程就是凝结。水遇到热变成水蒸气，水蒸气汽冷后凝结，变成一种流质，就是一种看得见的雾。好了，接下来的故事我们晚上再继续讲。"

"今天早晨我讲的就是云形成的道理。在潮湿的泥土，如湖泊、池塘、沼泽、溪流、海洋等水面上，都在不断地发生着蒸发过程。蒸发形成的水蒸气，上升到空中，温度不低的时候，是无法用肉眼看到水蒸气的。可是，海拔越高，温度就会越低，温度低到一定程度时，水蒸气就无法再继续待在空气中了，它就会凝结成一片能够看见的水汽，就形成了雾或云。

"云雾在大气的上层遇冷后，就会凝结成小水滴，变成雨落下来。一开始的水滴非常小，后来遇到其他小水滴，就会合并到一起形成大水滴，这就是我们见到的雨点。它的大小和它落下来的高度成正比，但不超过刚好受到雨滴的地方能够支得住的体积。要是雨滴体积太大，就会落在要灌溉的草木身上，把它们打死。如果水蒸气不是渐渐凝结，而是一下子形成的，那么会出现什么样的情况呢？如果是这样，那么从天上掉落下来的就会是沉重的水柱，而不是雨滴了，这样的水柱掉在地上就会把我们的收成都毁坏，屋顶也会被冲坏。但下雨都是一滴滴地落下来的，而不会是上述狂暴的形式，就像用筛子筛过一样，减弱了它下落的力量，有时候雨会变成另外一种怪模样，好像是专门为了吓唬那些无知的人们，下血或硫黄，天上会下这样的雨，谁会不害怕呢？"

艾密儿插嘴说："叔叔，你在说什么？天上怎么会下血和硫酸呢？如果那是真的，我一定会被吓死了。"

克莱尔说："我也一样，会吓死的。"

终于轮到喻儿问了："叔叔，你刚才说的都是真的吗？"

"当然是真的了。我只会给你们讲真实的事情，世界上的确有下血和硫黄的，至少下的是和它们相似的东西。因为那些雨点落到墙垣、道路、树叶和路人的衣服上，都是像血一样殷红的斑点。有时候，雨滴会带着一种细微的黄色尘埃从天上落下来。那么，天下落下来的真的是血或硫黄吗？当然不是的。这些让人们害怕的所谓血雨

和硫黄雨，都是普通的雨，只是雨滴中夹杂着各种细微的粉末，这些粉末都是被风从地上刮到空气中的。春天，大杉木林里鲜花盛开的时候，风会刮起一种黄色的粉末，这种粉末就藏在杉树的小花里。各种花朵中都有这样的粉末，尤其是百合花。"

喻儿说："如果你离一朵百合花太近嗅它，那些细微的粉末就会涂在你的鼻子上。"

"是的，它就是'花粉'。有时候是单独落下的，有的时候是夹在雨滴中落下来的，一阵风吹起了林中所有的花粉，就出现了硫黄雨的现象。"

克莱尔说："也就是说，血雨和硫黄雨并不可怕了？"

"当然不可怕了，可是人们看到那些夹着花粉或红尘的所谓硫黄雨的时候，他们还以为这是什么灾疫，是世界末日来临的征兆。孩子们，你们看到了吗？无知是件多么可怜的事，而知识可以解救我们无知的恐惧，这是一件多么好的事。"

喻儿勇敢地说："如果将来什么时候天再下起血雨或硫黄雨，我就一点都不害怕了。"

"有时候，天空中会落下沙、矿石粉或路上的灰尘等各种矿物质的东西，有的时候，还会落下如毛虫、飞虫和很幼小的蛤蟆等小动物，这些雨非常稀奇，但你们只要记住：强烈的风可以把它所经之处所有轻微的东西卷走，带到不知道多远的地方掉落下来。

"有的时候，天上会落下飞虫，它们不一定是被风吹来的。比如蝗虫，它们经常成千上万地聚到一起，从一个地方飞到另一个地方。这种飞虫群，就像被谁指挥着一样，在空中形成一堆大云，把太阳光也遮住。它们终日不绝地飞，数目多得数不清。途中，那些贪嘴的家伙，会停在植物上疯狂地啃食，就像是暴风雨一样。几分钟的功夫，就可以把它们所经之处的树叶、稻谷、草原吃个精光。它们吃过的地方就像被火烧了一样，几乎寸草不剩。阿尔及利亚（Algeria，在非洲之北）人民的收获就曾经被它们吃掉过，因此饿死了很多人。"

"火山会形成灰雨。火山在爆发时喷得极高形成的灰烬就是'火山灰'。这些灰质形成的云面积非常大，可以把太阳光遮上，看上去像黑夜一样，它落下来后，可以把动物和草木闷死在灰雨之下。"

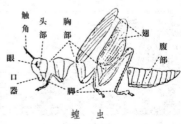

蝗 虫

四十四、火山

喻儿说："叔叔，现在还早，你要把可怕的火山和下灰雨的火山的故事讲给我们听。"

艾密儿本来已经准备睡下了，可他一听到"火山"两字，一下子就精神起来了，擦了擦眼睛爬起来，也要听那个有趣的故事。保罗叔叔耐心地答应了孩子们的请求。

"火山就是一座大山，山顶上有一个形状像漏斗一样的大窟窿，直径约有几公里，这就是喷火口，从这里能喷出黑烟、灰烬、红热的石头，还有一种熔化的东西叫做'熔岩'，喷火口的底下，有一个弯曲的深不可测的导管或烟囱。欧洲的火山主要有意大利那波尔附近的维苏威火山、西西里岛上的爱特那火山、冰岛的海克拉火山。火山大都是熄着的，偶尔会喷出烟，但相隔一段时间就会咕噜噜地震动，从里面喷出很多可怕的燃烧着的东西。这就是火山喷发。维苏威火山是欧洲火山中最出名的火山，我以它为例，告诉你们火山喷发时的最稀奇的现象。

"晴朗的天气里，火山里会笔直地向上冒出烟柱，一直升到 1.5 公里的天空中，一般情况下，这就预示着火山要喷发了。这些黑烟会形成一张毡毯，把太阳的光线挡住。火山喷发之前几天，那些烟柱从火山上像黑云一样压下来。接着，维苏威火山附近的地面都跟着震荡着，跟着响起隆隆的轰炸声，然后一声比一声更猛烈，比你们听过的最厉害的雷声还要猛烈，就像是有无数的大炮在轰炸发出的声音一样。

"忽然，喷火口里喷出了高至二千或三千米的火焰，这些火焰把浮在火山顶上的云都映红了，天空看上去像着了火似的。数不清的火花迅速射到火光融融的山顶上，形成一个耀眼的圆屋顶，最后从火山的斜坡上像火雨一样落下来。这些火花从远处看非常小，其实它们都是白热的石块，这种熔石的面积很大，一般都有几立方米，落下来的时候势头猛烈，可以把最坚固的建筑物击塌。人类制造的哪种机

维苏威火山

器能够把这么大体积的石块发射到那么高的空中呢？即使把人力集合在一起，也无法像这样做一次，可是，火山却能轻而易举地做到，而且可以做无数次，像玩一样那么轻松。维苏威火山可以连续喷射这种红热的石块几个星期甚至几个月那么久，数目非常多，就像铁匠师傅打铁时发出来的火花一样多。"

喻儿说："我也想看火山喷发，一定是又可怕又好看的，当然了，我要站得非常远地观看。"

艾密儿问："火山喷发的时候，住在山上的人们就非常危险了吧？"

"火山喷发的时候，他们不能跑到山上去，那样的话，他们不是被烟闷死，就是被红热的石雨击死。

"还有熔岩，它是熔化的矿物质的东西，来自地底下的地心，从火山的烟囱上升到喷火口，从喷火口涌出，就会形成火红的耀眼的火湖。远处的人们，仔细观察着火山爆发的进程，烟层浮在空气中，反映着熔岩发射出来的光亮，让人们知道，熔岩的洪流马上就要来了。

"一会儿的功夫，喷火口就被地心里涌出来的岩浆盛满了，接着地面伴随着打雷一样巨大声响开始震动，熔岩浆从喷火口四周的罅隙与边缘流下来，样子像小溪一样。这洪流是由光亮耀眼的、与金属的熔液相同的糊状物质组成的，它像小河一样缓缓地流淌。岩浆的洪流就像是活动的火阵一样，人们一定要在它到来之前逃跑，可是静止的植物无法逃跑，被洪流碰到立刻就会燃烧起来，过一会儿，就变成焦炭了，即使是厚厚的墙垣，被洪流触及之后也会被烧红、烧化。

"熔岩的洪流不会一直流下去，它流一会儿之后，就会停下来。之后那些地下的水蒸气，就会从熔岩流的压力下夹带着巨大的能量被猛烈的旋风带走，顺便还会带走浮在火云中的细尘，有时候会在不远处的平原上落下来，有时候就有可能被风带到千里之外。最后，可怕的火山终于恢复了平静。"

喻儿问："如果有城镇靠近火山，那些洪流也会流到城镇里吗？那么这个城镇会被那些灰的云覆盖上吗？"

"很不幸，洪流的确能做到，历史上曾经发生过这样的事情，关于这些我们明天再讲，现在太晚了，孩子们，该上床睡觉了。"

维苏威火山在1872年大喷发

THE STORY OF NATURE

四十五、加塔尼亚城的惨剧

第二天，保罗叔叔继续讲起了他的故事："喻儿昨天问我，火山喷出的洪流会不会流到山附近的城镇里去。我给你们讲一个故事，听完这个故事你们就知道答案了，这个故事就是爱特那火山爆发的故事。"

克莱尔问："爱特那火山在西西里岛上吗？在那个有'百马大栗树'的西西里岛上？"

"没错。孩子们，西西里岛在两百年前发生过一次历史上最恐怖的火山爆发。在一个深夜，一场大风暴过后，地面忽然猛烈地震动起来，很多房屋都被震倒了。大风把树木刮得摇摆得像芦苇一样，人们害怕被倾倒的房屋压到，拼命往乡间逃去，可地面正在剧烈地震动着，他们都跌倒在地上。突然，爱特那裂开了一条约十七公里长的裂缝，很多岩浆都从这条裂缝里流出来，爆炸的巨响声过后，从里面喷出阵阵的黑烟和焚烧后的灰烬。其中的七个口一下子连成了一个大深渊，隆隆地震响着，燃烧着，不断喷出灰烬与火浆，喷了四个月才停止。爱特那火山停止喷发的初期是静止的。可是过了几天，它像是睡醒了似的，喷出了一柱非常高的火焰；然后整座山都震动起来，喷火口四周的岩石，全都落入了火山里。第二天，有四个勇敢的人爬到了爱特那的山顶上。由于昨天火山顶上的岩石落入了火山里，所以它的边缘更大了，那个喷火口直径从以前的四公里变成了现在的八公里了。

"同时，山的各个罅隙里有很多汹涌的熔岩流下来，把房屋、森林和谷物都毁了。加塔尼亚城在距离火山数公里外的海岸上，这是一个四面有坚固墙垣的大市镇。那些洪流淹没加塔尼亚城的时候，它已经毁灭了很多村庄。它就像是为了显示自己的本领似的，轻轻松松就把一座小山移走了，并把整块葡萄田带走，这块葡萄田就漂浮在它的洪流中，不一会儿，洪流就把那些青青的葡萄田都烧成了焦炭。最后，那可怕的洪流流进了一个山谷里。加塔尼亚人以为他们终于安全了。

是的，谁都会这样认为，因为那些熔岩流入山谷后，不可能把山谷填满的，他们认为火山里可没有这么多熔岩。可是他们猜错了，短短的六小时过去后，那个宽阔的山谷已经被熔岩填满了，熔岩从山谷里溢出来，形成了一条四公里宽十米高的大河，流向了市镇，这时又过来了另一条溶岩洪流，它斜着插过来，把那条正流入市镇里的洪流冲击得改变了流向，否则这条洪流就能淹没整个加塔尼亚城。这条洪流转变方向后，一瞬间就淹没了加塔尼亚的郊外，从那里流入了大海。"

艾密儿插进话来说："那些加塔尼亚人太可怜了，我真为他们担忧，叔叔，你刚才说那条洪流像房子一样那么高，冲向了市镇吗？"

保罗叔叔接着说道："事情还没结束呢，我刚才和你们说了，那条洪流流入海里了。这下子，水和火发生了一场可怕的战争。熔岩的洪流有一千五百米宽、十二米高，它一下子冲入了大海中，两者相接触后，立刻产生了巨大的水蒸气，还响起了嘶嘶的沸腾声，产生的水蒸气形成的厚云，遮住了天空，在邻近下了一会儿雨。短短几天的时间，熔岩就把海岸线挤推了三百米。

"这样的情况看上去已经安全了，但是加塔尼亚城仍然很危险，那条熔岩的洪流与新的支流合并，一天比一天更高，向市镇冲了过来。市镇里的居民们站在城墙顶上看到洪流向它们冲过来。终于，洪流流到了城下，洪流一刻不停地在向上涨着，虽然它涨得速度非常缓慢，它涨得越来越高了，终于升到了城墙的顶那么高的位置，城墙根本无法承受这样的压力，一下子倒塌了四十米长，洪流一下子越过城墙冲进了城中。"

克莱尔叫着说："天哪！城中的居民太惨了，他们要遭殃了。"

"不。由于熔岩是浓厚黏稠的，流得非常缓慢，所以说最惨的不是城中的居民，因为他们可以小心躲避着，最惨的是这座城。城里地势最高的地方都被熔岩所侵占了，洪流从这里向四处分散流去。现在看来，加塔尼亚城一定会被这可怕的洪流彻底毁灭了。可是后来有几个勇敢的人决定要和洪流作战，来保护这座城。他们想在洪流的必经之处筑起一堵石墙，希望能够把它挡住，从而改变它行进的方向。这个方法只能让他们成功一半，最有效的方法是这样的：熔岩的河能凝聚成很多大石块，形成一条运河一样的硬外壳，把自己约束在里面，这时，熔汁就会继续吞噬自己。于是他们想，如果找一个可以凿开这些天然筑成的沟河的地方，这样，就可以改变它去城里的路线，把它引入乡野。一百多个勇敢的人跑到洪流的上游，这里离火山不远，他们抡起铁锤攻打河岸，这里温度非常高，每个人最多敲击两三下就要退到旁边休息一下。虽然很困难，但他们最终还是凿开了坚硬的石岸，在那里凿出一个裂口，于是，那些熔浆如他们所料顺利流进了那个缺口。加塔尼亚城终于安全了，可是也受到了很大的损失，因为流进市镇里的洪流，把三百间民房都毁掉了，还有几座宫堡和教堂。在加塔尼亚城外方圆二十至二十五公里的地域上覆盖了一层熔岩，有些地方有十三米那么厚，还毁了二万七千人的房屋。"

喻儿说："如果不是这些勇敢的人们冒着被活活烧死的危险，跑去凿开一条洪流的新路线，那么加塔尼亚城一定会被毁了。"

"那么加塔尼亚一定会被全部烧光的。现在，它的遗址一定会被埋在冷却的熔岩下面呢，而且，这个市镇除了名字，什么都不会留下。一百多个勇敢的人，鼓起了胆小者的勇气，他们为了集体的利益，随时预备着牺牲自己的生命，正因为如此，他们才阻挡了这次可怕的灾难。孩子们，如果你们遇到了危险，我希望你们能够像那些勇敢的人们一样，记住，如果人类的智慧想出的办法是伟大的，那么他的善良和勇敢是更伟大的。我年老的时候，希望能听到别人谈论起你们时，会夸奖你们做过的勇敢机智的事，这比让我听到你们懂得更多的知识更让我高兴。孩子们，知识是帮助人们的一个工具而已。等你们长大以后，如果也遇到像加塔尼亚人那样的危险时，要记住我的话，我希望你们能用那样的方式来报答我的爱和我给你们讲过的故事。"

喻儿把眼角的眼泪擦掉，保罗叔叔看到后知道了，他的这些话已经记在喻儿的心里了。

　　"为了让你们知道火山所抛出来的灰烬带来的毁灭性后果有多么的可怕，现在，我给你们讲一个古老的故事，这个故事是当时一位著名作家的遗作。这位著名作家名叫普林尼。他的这篇文章是用当时势力最大的一种文字——拉丁文写的。

　　"公历七十九年，耶稣同时代的人还活着，那时，欧洲意大利半岛上有一个平静的维苏威火山。当时，它和现在喷着圆锥形烟柱的样子不同，而是有一大块略微凹陷的平地，这个古火山口已经被塞没了，上面长了很多嫩草和野紫葡萄的藤。山的肥沃的四周种着谷物，山脚下还有汉克来能和庞贝这两个著名的城镇。

　　"这个老火山看上去似乎会永远沉寂下去，自人类有文字记载以来，它还不曾爆发过呢。这次它突然醒过来了，向上喷起烟来。八月二十三日下午一点钟，在维苏维威顶上飘浮着一朵时而白时而黑的大云。那云被来自地下的某种力量压迫着，一开始像一棵树干一样笔直地竖着，上升到一定高度时，由于自身的重量开始下沉，散开很大的面积。

　　"维苏威火山附近有一个名叫海口梅西的地方，作家的叔叔就住在那儿，这些事实都是他留给世人的。他也姓普林尼，他让罗马的战船停在这个海口。他非常勇敢，为了学到新的知识或是给他人以帮助，他面对危险时从不退却。普林尼突然看到维苏威顶上那朵奇怪的云，马上率领战船前去援助即将陷入危险的沿海城镇。而且还能近距离地观察那朵云。维苏威山脚下居住的百姓们，都吓得四散而逃。他往大家逃开的方向行进，那个地方一定是最危险的。"

　　喻儿叫着说："太棒了！我们和那些勇敢的人在一起的时候，也会像他们一样勇敢的。我爱普林尼，因为他明知道火山那边非常危险，还是往那里赶去，我真希望我也在那里。"

　　"唉，孩子！不要以为这是一次欢乐的郊游，那些火热的灰烬和混着烧成灰的石头都掉落在战船上，海也被激怒了，疯狂地翻涌着，山上掉落下来的碎片堆积在海岸上，让人没办法接近。没办法，只能退却了。战船开回了斯坦皮，这里离火山较远，但也并不是安全的，随时面临着危险，当地的居民非常害怕。同时，维苏威山顶喷出巨大的火焰，那些火光非常可怕，它造成的灰烬云把太阳光遮住了，一下子天昏地暗。普林尼为了让同伴们勇敢起来，就和他们说，这些火焰使几个村庄着火了。"

喻儿猜测着说："他这样说是为了让同伴勇敢起来，可是那些人迟早都会知道真相的。"

"他知道那里非常危险，但因为他们太累了，他躺下就睡着了。当他睡着了的时候，云已经到达斯坦皮。通向他卧房的天井里都塞满了灰烬，一会儿的工夫，他就不能爬出来了。人们赶紧把他叫醒，否则他一定会被活埋的。而且他们还要好好地商量下一步应该怎么办。地面震撼着，房屋左右摇摆着，看上去就要塌了。于是，大家决定再回到海上，天空中落下了无数颗小石子，就像下石子雨一样，这些石子都被火烧成灰烬了。人们逃跑的时候，为了挡住石雨，都在头上顶个枕头，他们高举着火把，可还是无法照亮四周，终于，他们到了海岸边。普林尼刚想坐下休息会儿，忽然看到不远处有一股夹着强烈硫黄气味的猛烈火焰冲了过来，人们被吓得四处逃窜。他刚爬起来，就轰地倒下去死掉了。火山里喷射出来的灰烬黑烟，使他顷刻之间窒息身亡。"

喻儿抹着眼泪伤心地说："普林尼太可怜了，他是那么勇敢，就这样被那些黑烟窒息死了。"

"他的叔叔死在了斯坦皮，这时他和妈妈还在梅西，他把当时的情形告诉了我们：'在我叔叔离开后的那天夜里，地面剧烈地震动起来，妈妈赶紧把我叫醒，这时我也正要去把她叫醒，房子看上去马上就要塌了，我们跑到海边的广场上坐了下来。我当时只有十八岁，非常孩子气，一点都没有为我们的生命安全担心，还拿起书认真地读着。叔叔的一个朋友跑过来，他看见我和妈妈在广场上坐着，我还在看着书，他就赶紧把我们带到安全的地方，还一边责备我们太大意了。当时的时间已是早晨七点钟，可天色越来越昏暗，黑得什么东西也看不见，房屋震荡得非常厉害，随时有倒塌的危险。其他人都离开了城市，我们也随着他们，在离城市非常远的乡下住了下来。'

"'车子里载满了东西，随着地皮的震动而不停地荡摇着。尽管他们在车轮上缚了石块，可它仍然在不停地摇晃着。海潮被地震的撼动从海滩上退了下去，留下很多鱼在沙滩上干死了。我们向前跑着，头上有一朵可怕的黑云。云的边缘有曲折得像蛇一样的火线，样子和闪电很像。那云快速下降，覆盖了地面和海。妈妈年纪大了，跑得很慢，她让我赶快全力逃跑，不用再管她了，危险已经接近了，如果我不一个人逃，很可能会遇难的，如果我能逃出生存，那么她就死而瞑目了。'"

喻儿说："普林尼有没有为了快跑保命，而丢弃他的妈妈不管了呢？"

"不，孩子，他当然没有那样做，他做了你们都应该做的事情。他坚持着要和妈妈在一起，要不然，死也要和妈妈死在一起，绝对不一个人离开妈妈先跑。"

喻儿赞许地说："太棒了，这个侄儿和他的叔叔一样，品质都那样令人尊敬。后来呢？后来怎么样了？"

"后来发生的事非常可怕。天上掉落下无数的灰烬，黑暗笼罩着大地，天色黑暗得伸手不见五指。到处是哭声、乱窜声、喧扰声，居民们吓得发了疯似的奔逃，秩序大乱，经常有人被推倒，然后人们就会从他的身上踏过去。几乎所有的人都认为，这是他们的最后一夜了，他们想，全世界都被这样的黑夜吞食了。很多妈妈都在寻找她们的孩子，她们和自己的孩子在人群中走散了，那些可怜的孩子们有的早就死在逃难者的脚下了，他们的母亲悲惨地呼唤着他们的名字，把他们紧紧抱在怀里，直到死去。普林尼和他的老母亲在距离嘈杂的人群很远的地方坐着。他们隔一会儿就要站起来把身上的灰烬拍掉，否则那些灰烬一会儿就能把他们活埋了。最后，突然之间云散去了，太阳露出了头。那时的地面已经惨不忍睹了，几乎所有的东西都被一厚层烧残的灰烬覆盖了。"

艾密儿问："他们的房子也都被灰烬埋葬了吗？"

"火山喷射出来的灰烬都堆在了山脚下，比城中最高的墙壁还要高，全城都埋在了这巨大的灰烬堆之下，其中也包括汉克来能和庞贝，它们被活生生地埋葬了。"

喻儿问："居民们呢？也都被活埋了吗？"

"只有一小部分被活埋了，因为他们大部分人都和普林尼的妈妈那样逃到了梅西。一千八百多年后，汉克来能和庞贝才被今天的矿工们开掘出来，和他们被火山的灰石笼罩时的情形一样，还有葡萄藤盖在没有清除掉的地方。"

艾密儿说："那些葡萄园就是那些居民的房子的屋顶吗？"

"孩子，它们可比房顶高得多呢！要看到没有掘出来的部分，还要用钻井钻到很深的地下去才能看到。"

四十七、沸水瓶

THE STORY OF NATURE

保罗叔叔刚把故事讲完，邮差就送来了一封信。保罗叔叔的一个朋友邀请他进城去做一件紧要的事，他也正想利用这个机会，让孩子们有一次短程旅行的经历。他让喻儿和艾密儿换上新衣服，几个人来到邻近的小站等火车。保罗叔叔走到车站上的一个铁格窗口，窗子里面坐着一个人，看样子非常忙碌，保罗叔叔拿了一些钱从一个小格子里递递给了那个人。这个人收下钱后递给叔叔三张纸片，保罗叔叔又把这些纸片递给了一个守在屋子入口的人。那个人手里拿着个夹子，在纸片上轧了个洞，这才让他们进去。

他们来到了候车室。艾密儿和喻儿好奇地四处张望着，一句话也不说。过了一会儿，他们听见到远处传来蒸汽的嘶嘶声，火车到了。火车的最前方是它的火车头，它已经在减速了，这样一会儿才能停下来。喻儿坐在候车室里，从窗户向外望去，他看着人来人往，心里有了新的问题，他非常好奇火车那个笨重的机器是怎样移动起来的，它的轮盘为什么能转动？就像是被一根铁梗推送着那样。

一会儿，他们上了火车，他们再次听到了蒸汽嘶嘶的声音。一刻钟以后，火车开始全速行驶了。艾密儿忍不住说："保罗叔叔，快看！火车是车轮呼呼地转圈呢，它就像在跑着跳着一样！"保罗叔叔把手指放在嘴边，做了个"嘘"的手势，让他不要再说话。保罗叔叔这样做是有他的道理的：第一，刚才艾密儿说的那句话真是一句错误的傻话；第二，保罗叔叔不愿意在公众之前给孩子讲这些知识，以免让人误以为自己在炫耀学识的渊博。

还有一个原因，那就是保罗叔叔在旅行的途中，不爱过多地说话，他要时刻保持一种慎重的态度，尽量保持沉默。火车上的很多人，各自之间并不相识，也许以后再也不会见面了，可他们立刻就能和一同坐车的人亲密地聊起天来。他们不愿保持沉默，一定要有说有笑地聊个不停。保罗叔叔和他们不同，他一直认为这些人都是没有自制力的人。

黄昏时，保罗叔叔带着两个孩子旅行回来了，大家都感觉这次的行程非常愉快。保罗叔叔把他在城里的事处理得非常好。艾密儿和喻儿还各自想了一个好主意。这天是星期日，老恩妈妈为此特意给他们准备了一顿丰盛的晚餐，他们吃过饭后，喻儿抢着把自己想出的主意告诉了保罗叔叔。

他说："我今天见到的事物中，最好奇的就是火车前头的那个机器了，那个火车头拖带着一长串的车辆。它为什么可以移动呢？我认真观察了很久，也没有找到答案。它就像一匹奔跑的野兽一样，像是自己在往前跑。"

保罗叔叔回答："它可不是自己在跑，它能移动起来，都是蒸汽的功劳。我们先来说说蒸汽是什么，它有什么样的力量。

"我们烧水的时候，水受到热，接着沸腾了，这时它就会发出水蒸气，这些水蒸气四散在空气中。如果让水这样持续沸腾一段时间后，那个装水的壶里的水就会完全消失了。"

艾密儿插嘴道："是的，叔叔，老恩妈妈前几天就遇到了这样的情况，当时她正煮着几个番薯，她懒得动，于是就一直坐在罐前等着，隔一段时间去看一次，结果后来里面的水全都消失了，番薯也被烧焦了，所以，她只好重新倒水煮，这使老恩妈妈那天的心情非常不好。"

保罗叔叔接着讲："水受热后就会变成看不见、摸不着，和空气一样轻微的水蒸气了。"

克莱尔说："我记得，您以前给我们讲过，空气中的潮湿和云与雾的形成就是因为水蒸气。"

"没错孩子，那是水蒸气，而这种水蒸气只是由太阳的热蒸发出来的。你们知道吗？温度越高，产生的水蒸气也就越多。如果你往一个罐子里装满水，放在火炉上烧，火炉上猛烈的火蒸发出来的水蒸气就比夏日里的阳光蒸发出来的水蒸气要多得多。这些水蒸气从罐子里被放出来以后，就会四散到空气中，看不见也摸不着了。所以说，一罐沸水蒸发出来的水蒸气，当然无法引起你们的注意。可是如果把罐子的盖子盖紧，密得一点空隙也没有，这时罐子里的水蒸气像要逃出牢笼一样猛烈地膨胀起来，力量非常大。它向罐子的各个方位用力挤压，用尽全力打破阻挡它膨胀的障碍物。不管那个罐子多么坚固，无奈罐内的蒸气力量太大了，最后定会被它挤爆。

所以我要用个小瓶子给你们做实验，而不用一个罐子，因为小瓶子的盖子盖得不是那样紧密，里面的水蒸气很容易就能把它的盖子冲掉。另外，就算我有一个非常合适的罐子，我也不会用它，因为它里面的水蒸气能把整个屋子炸掉，把我们都炸死。"

保罗叔叔拿来一个玻璃瓶，往瓶里放入一手指深的水，再用木塞把瓶口紧紧塞住，又在木塞周围绑上了一根线。他把这个制作好的实验装备放在了火炉上。然后他把艾密儿、喻儿和克莱尔带到了花园里，远远地观察着瓶子的动静，离这么远的距离，他们就不会有被爆炸伤到的危险了。几分钟后，他们听到砰的一声巨响。他们立刻跑进去看，他们看到玻璃瓶碎了，它的碎片散得到处都是，爆炸力真是太强大了。

"爆炸和玻璃瓶的破碎，都是蒸汽造成的，它想要逃出牢笼，却苦于无处可逃，于是它积聚着、推挤着，温度越高，水蒸气越多，那么它对玻璃瓶的压强也就随之越来越高。于是到了一定的程度时，玻璃瓶就无法抵抗蒸汽的强大压力，被爆成了碎片。蒸汽在罐子里反抗的这股力量，就是压力，温度越高，压力就越大。热量充足的时候，它的力量非常强，不仅能把一个玻璃管炸碎，哪怕是最厚最硬的铁罐和紫铜罐或是其他任何有顽强抵抗力的材质也一样会被炸碎。你们是否承认，水蒸气造成的爆炸，真的是非常可怕呢？罐子爆炸时飞出去的碎片力量非常猛，和发射的大炮弹及爆炸的炸弹力量相同。任何东西成了它的牢笼，它都能把它们破坏或粉碎，这种力量可以和火药爆炸的力量相比了。刚才我用玻璃瓶做实验，如果离实验现场太近，会非常危险的，你们的眼睛就有可能被炸瞎，做这样的实验要非常小心，只能做一次，如果你们想再做一次，那就非常危险了。所以你们要记住，千万不要用一只盖得密不通风的玻璃瓶来烧水，要知道，它的力量足以弄瞎你们的眼睛。如果你们不听我的话，以后我再也不给你们讲故事了，也不喜欢和你们生活在一起了。"

喻儿赶紧插话说："叔叔，你不要担心，我们不会重复做这个危险的游戏的。"

"现在你们知道火车头和别的很多类似的机器是依靠什么转动起来的吧？它们的机器里面有一个非常坚固的关得紧密的汽锅，汽锅下面有个火炉，锅里有很多水，火炉把锅里的水烧成了水蒸气。这股蒸汽的力量非常大，它们拼命想逃出汽锅。水蒸气的上面有一块东西压着，蒸汽想要逃出去的这个力量使那个东西动起来，比如火车头。这下你们知道它为什么能跑起来了吧？孩子们，记住，蒸汽机里最主要的东西就是一个汽锅，它是力的产生者，它就和一个用盖子紧盖着的煮水的罐子相似。"

保罗叔叔让他的几个侄儿们看下面的图，并且耐心地给他们解释。

"图中是一辆火车头。那个圆筒形的烧沸水的锅就是制造蒸汽的汽锅，它是组成蒸气机的最主要的部分，它的全身都在六个轮盘上。它们的制作材料都是坚硬的铁板，最后还用很大的铰钉把它们紧紧绞在一起。汽锅和前面的一个烟囱管连在一起，它的后面是开着门的一个火炉间。司机经常用铁铲一铲铲地往那个火炉里装进煤块。因为他要保持火气猛烈，这样才能使汽锅里的水保持沸腾，从而得到充分的汽量。他再用一根铁条穿过火苗，调整疏通好煤块，这样才能让煤充分燃烧，尽快把水烧热。还要炉子的末端装很多铜管，从汽锅的水里的这端通向另一端的烟囱。火炉里的火焰进入这些管子里，这些管子围在水的四周，这个方法可以使被火烧热的水更快地流到水的中央，蒸汽就能更快烧成了。

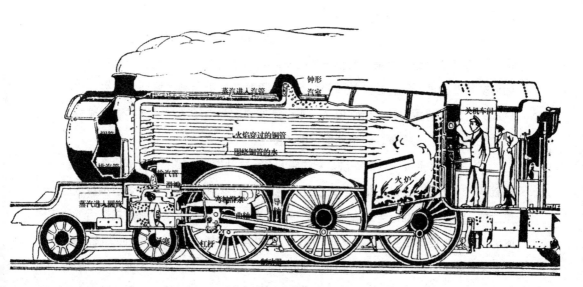

火车头解剖图

"现在你们看紧靠在火车炉前头下面的那个短圆筒，它紧紧地靠在火车炉前头。一共是两个这样的圆筒，分别在火车头的左右两边。有一个名叫活塞的铁塞子插在这圆筒里面，你们注意观察汽锅的大圆筒顶部那个钟形的像帽子一样隆起着的东西，它是'汽室'。气门打开后，蒸汽就会进入钟形汽室里，接着进入一根通往短圆筒的管子里。下面这个图是蒸汽机的解剖图，图中显示的就是它进入短圆筒之后的情形，是火车头上短圆筒的一张解剖图。仔细看一下，蒸汽从输汽管进来以后就进入了圆筒的左面，紧紧地挤压着活塞，活塞被蒸汽强大的力量推到右边去，活塞和一根名叫曲轴的铁连接在一起，曲轴和轮子连接在一起。所以它的过程是蒸气推动活塞，活塞推动曲轴，曲轴推动车轮，车轮带着火车头运动。现在再看圆筒，那个活塞被蒸气从左边推到了右边，还有一根杠杆同时连在曲轴和滑瓣上。曲轴动起来时，杠杆就会把滑瓣从右边推到左边，就像这张蒸汽机解剖图中显示的那样。滑瓣关闭了左边蒸汽的进路，从中间开了一个洞，让蒸汽可以从这里逃出去，还在右边开了一个蒸汽的进路，它的动力把活塞推挤到左边，左边本来有蒸汽，由于它把活塞推到右边的时候，杠杆又把滑瓣推过来，把进路关住，开放出路，那么活塞再被从右边推回来的时候，左边的蒸汽都会从这个洞里出去，不再推挤活塞，不让它再退回来。活塞就这样被蒸汽一会儿推到左边，一会儿推到右边地运动着，连在活塞上的曲轴也不断地推着轮子，火车便开动向前滚去了。"

喻儿说："叔叔，我要把你刚才说的都背出来，我也不知道我是不是真的听懂了。蒸汽从汽锅里出来，汽锅里还在不断地制造着蒸汽。蒸汽在活塞的前面和后面交替着跑进圆筒。它到前面的时候，后面的蒸汽就会被推挤到外面去；它到后面的时候，前面的蒸汽就跑掉了。那个活塞在圆筒中被蒸汽或进或退，或去或来的往不同的方向推着，火车便能往前移动了。"

"活塞的外形像一块圆铁饼，它的中间有一根铁棍，圆筒的一端有一个孔，铁棍就从这个孔中穿出去，那孔的大小正好能使那根铁棍顺利通过，蒸汽也不会从这里泄掉。与这根铁棍相连的曲轴像人的手臂关节一样，是活动的，那曲轴最后再与附近的轮盘相连。在下面几幅解剖图中，你们很容易就能认出所有的东西。圆筒内，活塞交替着前进或后退，把曲轴向前推或向后拉，曲轴就能带动巨大的轮盘，使它转动起来。火车头的另一边，第二个圆筒的情形和第一个筒一样。然后这两个大轮盘就会同时转动起来，就能带动火车头向前移动了。"

喻儿说："这听起来很简单啊，不像我想象的那样难，蒸汽推动活塞，活塞再推动曲轴，曲轴再推动轮盘转动，然后机器就可以移动了。"

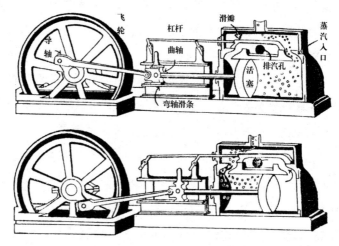

火车蒸汽机解剖图

"蒸汽推动活塞之后，就进入了黑烟的烟囱里。现在你们知道了吧？为什么看到那个烟囱里冒出来的烟有时候是白色的，有时候是黑色的。那些黑烟是从与火炉相连的水中的管子里冒出来的，白烟是蒸汽推动活塞的时候，从圆筒里面被推挤出来的。白烟在推动活塞以后，就会猛烈地从圆筒冲入烟囱里，这就使得机器发出轰轰的声音。"

艾密儿叫着说："叔叔，我知道，是'哄！哄！哄！'的声音对吗？"

"是的，孩子。要不断地烧水，就要在火车头上装很多煤，这样才能保证炉中的火势；另外，锅里的水差不多被蒸发完了的时候，就要往锅里添入水。这些必备的东西，都装载在紧接在火车头后面的那辆煤水车里。有一个司机待在煤水车里，专门烧火炉，还有一个司机负责管理蒸汽进入圆筒里。"

艾密儿问："图上的那个人是就是司机吗？"

"是的，孩子，他就是司机。你们看，他紧握着气门的开关，他调节汽门开关，就会从汽锅中把一定量的蒸汽放进圆筒里。气门关了的时候，蒸汽就无法再进入到圆筒里了，这时，机器就停止工作了。气门再打开的时候，蒸汽就又被放出来了，就这样，火车头就能或快或慢地行驶了。"

"火车头的力量大得惊人，虽然它的身后还拖着长长的数节车厢，但它仍然能够跑得飞快，就因为这样，要给它修好可奔跑的路，上面铺上坚硬的铁条，两条都是平行的，就是火车的轨道，火车的轮盘边都较为凸出，这是为了让它能滚在铁轨上，不至于滑出去。

"这种铁路非常方便，不像其他如泥路和碎石马路那样阻碍车轮行进，这只会使车辆耗费更多动力。火车跑得非常快，一辆载客火车，时速能达到五十公里，而且重量约为十五万公斤。一辆运输火车的时速是二十九公里，重量为六十五万公斤。如果我们要运输同样重的物品，用相同的速度行驶过相同的距离，那么雇马车运输的话，就需要一千三百多匹马，才能达到第一辆载客火车的运输效率，要达到第二辆运输火车的效率，就需要两千匹马才行。这么多的马和车辆，跑在普通的公路上运输货物，这完全是能源不必要的损耗。

"现在，孩子们，你们看到没有，那些成千成万的火车几乎可以跑遍全世界，而且它们仍然在极力缩短各地之间的距离。你们再想一下，我们的生活中，还有多少机器是靠着蒸汽机的动力在发挥着自身的作用，为人类贡献着自己的力量。你们想象一下，一艘战舰需要的发动机，可相当于好几万匹马的能量的总和，你们知道吗？所有这些机器的动力都是依靠着煤把水烧成水蒸气，用这些水蒸气产生的动力。不得不感叹，人类智慧的力量有多么强大，正因为如此，才能推动科技迅速发展。"

喻儿问："那么，第一个想到用蒸汽的人是谁呢？我要把他的名字记在心里。"

"两百年前的法国人丹尼斯·柏平（Denis Papin）是第一个把蒸汽力量转化为机械力量的人，他是一个很不幸的人，他第一次提出蒸汽的动力理论时，在外国过着穷困潦倒的生活，他根本没有钱来实现他的这个有良好效果的提议，要知道，他的这个提议真的太棒了，可以把人类的原动力提高千百倍的。现在为人所知的第一个发明蒸汽机的人就是英国人瓦特（James Watt）。"

现在，艾密儿开始给大家讲述他所见到的事情。

他说："叔叔，在火车上，你让我不要说话的时候，我看到火车外面的树木都在向后跑。尤其是沿着铁路的树，它们看上去跑得更快。两排大白杨，一边快速地向后跑，一边说着'再会'。田野就像是在绕着圈子，外面的房屋也都在向后跑着，可我仔细一看，才知道它们都没有动，而是我们在动，这太神奇了！它在我的眼中是在跑着的，可事实上它们都是静止的。"

保罗叔叔回答："我们坐在火车上向前行驶时，根本用不着我们向前跑，除了自己所占的位置与周围事物以外，那么我们的动静从哪里可以观察出来呢？因为我们看到外面的物体都在跑，所以才知道其实是车在跑，因为我们的腿并没有移动，可是我们面前的事物都没有动，始终在我们的眼前，比如说我们的旅伴、车上设备等，它们始终没有移动位置。坐在旁边的乘客，他始终都坐在你旁边；在你前面的乘客，始终待在你前面，车内事物的固定性，让我们以为自己并没有行动，所以才会幻想着外部事物正在往我们相反的方向飞行，我们在观察外部事物时，才会感觉它们都是变动的。火车停止后，树木和房屋的移动也都停止了，因为我们的眼光不再移动了。一辆马拉着的车子，或一条行驶在流水中的小船，其上面的人都会产生和我们一样稀奇的幻觉。其实平时我们自己慢慢地走动的任何时候，都会或多或少地产生这种感觉，即周围的事物其实都是静止的，可看上去像是在往相反的方向移动。"

艾密儿回答说："我遇到的情况也是这样的，可是我却不知道这是为什么。明明是我们在移动，可在我们的眼中，却是别的东西在移动，我们跑得越快，周围的东西就跑得越快。"

"孩子，你们一定想不到，艾密儿的观察，直接帮我们引出了一个真理，这个真理是科学的，但它被人们接受也费了很大力气。这并不是因为它在理解上有多么的困难，而是因为它带给了大多数人以幻觉。如果人的一生都没有离开过火车，火车始终保持行驶的状态，那么他们绝对会坚信树木和屋子是会移动的。这些事情不是经过深刻的思索，单凭日常经验，是没人能够找出真相的。如果在那些对这件事深信不疑的人们中，有人站出来说：'你们不要以为那些树木、房屋是移动的，其实它们都是静止的，真正移动的是我们。'你们以为别人会相信他说的话吗？他们会嘲笑他，因为山丘在跑、房屋在移动，这些都是人们亲眼所见的。孩子们，我告诉你们，他们一定会嘲笑他的。"

克莱尔说："可是，叔叔——"

"孩子，没有可是，你都已经知道事实是怎样的了，他们不仅嘲笑他，渐渐地还发起火来，孩子，你也要被人笑了。"

"我要笑那种坚持说动的是车子，而不是房屋和山丘的人吗？"

"没错，因为一个几乎伴随我们终生的错误，不会那么容易就被改变了。"

"我就不会这样认为的。"

"当然是可能的了，你在这样的情况下，都会认为是山丘在动，而不是我们乘坐的火车在动。"

"我不懂这话的意思。"

"我们生活在地球上，则认为地球是静止的，却认为太阳和星星是运动的，至少，太阳升起来又落下去，第二天又继续重复这样的过程。星星看起来也是动的，人们站在地球上看着星星就是移动的。

喻儿说："在我们看来，太阳是从天空的一边升起，傍晚从另一边落下，这样，白天的时候就能带给我们光亮。月亮、星星也是一样的，只是和太阳相比，它们更喜欢在夜里带给我们光亮。"

"接着听下面的故事。我在书中读到过一个非常奇怪的人，我不知道他现在在哪里，他的头脑非常顽固，居然不知道如何用最简单的方法得到一个简单的结果，他用的方法非常古怪，让人觉得十分好笑。有一天，他突然想要烤一只小鸡，你们猜他心里是怎么想的？我可以给你们十次一百次的机会猜，但我保证，即使是那样，你们也不可能猜得到。你们怎么也想不到，他造了一架有齿轮、有滑车、有平衡锤的复杂机器，这架机器动作时，会有向前向后或向上向下的各种动作。

弹簧的声响和齿轮相咬的摩擦声几乎震聋我们的耳朵。平衡锤坠下的时候，整个房间都震动了。"

克莱尔好奇地问："这架机器到底是干什么用的？难道是用它把小鸡送到火上去？"

"当然不是了，这个问题太简单了。用这架机器把火搬到小鸡旁边。这架机器可以把熊熊燃烧的火把、灶头与烟囱都搬到小鸟的周围。"

喻儿笑着说："这简直太滑稽了！"

"孩子，你们也觉得这个主意太古怪可笑了吧？可是你们做的事情也和这个怪人一样可笑，他是把火、灶头，把烤叉上的小鸡放在屋子中间。你们也一样，你们把地球当做小鸡，而拥有无数巨大星星的天空，你们就把它当做了屋子。"

喻儿说："太阳很小，和一块圆磨石的大小差不多啊！星星也只是那么一点火花，可地球不一样了，它辽阔宽广。"

"你刚才说什么？你说太阳只有圆磨石那么小？星星只有一点火花那么小？可怜的孩子，你不懂的事情真的太多了，我们先来讲地球。"

五十、世界的尽头

　　"从前有一个和喻儿年纪相仿的小孩子，也和喻儿一样那么渴求知识。一天早晨，他想要做一次旅行。没有哪一个航海家到远处海上去航行的热情像他那样高涨。食物是长途旅行的必需品，他当然记得带。这天早晨，他吃了早饭，带了一个篮子，篮子里装了六个坚果，一块奶油夹肉面包，还有两只苹果！人只要有了这些食物，就可以到任何地方去。他的家人不知道他要去旅行，不然一定会告诉他旅行是非常危险的事，以此来阻止这个勇敢的小旅行家放弃自己的旅行计划。他怕妈妈会在他面前哭个不停，这样他就会心软，从而放弃自己的旅行计划了，所以事前他一句话也没有说。他没有向家人告别，拿了篮子就出发了。不一会儿，他来到了乡间。对他来说，向左转和向右转都是一样的：因为条条大路通罗马，哪条路都能把他带到自己想去的地方。"

　　艾密儿问："他要到哪里去呢？"

　　"去世界的尽头，他选了右边的路，路边有很多荆棘，金绿色的硬壳虫带着漂亮的光亮到处乱钻，红肚子小鱼在小溪河里快乐地浮游着，可这些风景并不能让他停下脚步。白天的时间太短了，可路程又是那么远。他笔直地向前走去，有时为了要抄近路，横过了田地。一个小时后，他就把夹肉面包吃掉了；又过了一个小时，他又吃掉了一只苹果和三个坚果。这时他已经非常累了，胃口很大；又过了一会儿，他在一个转弯处的大柳树下面吃了第二只苹果和三个剩余的坚果，这些食物被他一个个从篮子里拿出来吃进了肚子里。食物是吃完了，这可是一件非常重要的大事，两条腿也走不动了。你们想象一下，只走了两个小时的路程，离去到世界的尽头只走了一点路，这孩子就决定放弃这个想法了，他想等他脚力好些，食物再多一些的时候，再去实现自己的梦想。"

　　喻儿问："他想干什么？"

　　"我刚才和你们说过了，他胆子太大了，想到世界的尽头去。他认为，天是一个蓝色的圆盖子，那个盖子会渐渐向下沉，直到与大地连接上。所以，如果他走到那里，他就要弯着腰走路，否则一定会被天撞疼了。他出发的时候就是抱着这样的想法，他一直以为，过不了多久，他就能摸到天了，可是那个蓝色的圆盖在他一直往前走的时候，也一直在向后退着，往往它们总是相隔同样的距离。他又累又饿，这使他不得不结束自己的行程了。"

艾密儿说："如果我认识他，我一定会劝他不要进行这次旅行了。不管他走得多远，都不可能碰触到天的。哪怕他有世界上最高的梯子，也是无法做到的。"

他的叔叔说："如果我没记错的话，艾密儿的想法不一直是这样的。"

"是的，叔叔。我也曾和那个小孩子一样认为天空是一个架在地面上的蓝色的盖子。只要有足够的耐心走下去，就能走到那个盖的边上，那里就是世界的尽头了。我以前一直认为，太阳从这座山的后面升起来，从另一面那座山之后落下去，那里一定有一个深洞，到了夜晚，太阳就躲在那里。后来有一天，你带我到山上去，那座山看上去就像是用来架起那蓝色盖子的。我记得，我们距离那山非常远，你把你的手杖让给了我，让我撑着手杖走路。我仍然没有看到太阳落下的那个山洞，和我们现在看到的是一样的，天边仍然与地面相连，离我们的距离却更远了。那时你说，它的尽头我们看不到，仍然非常远，我们在任何地方看到的都是一样的，永远不可能看到那个圆盖的边，因为那个圆盖根本就没有边。"

"你们几个人都已经知道，天与地相接的地方根本是不存在的，它们不可能会碰头，那个蓝色的圆盖每一处和这里的模样都是一样的。你们知道吗？你们一直向前走去，在平原、高山、山谷、河流、海洋都标出记号：这就是世界的尽头，但世界的尽头是不可能有记号的。

"你们想象一个一端系着绳子的大皮球，停在空中，一条小虫在这只大皮球上。如果这条小虫想要跑遍整个皮球，那么它无论怎样或上或下、这边那边地在皮球上跑来跑去，它不会遇到困难，也没有什么建筑物会阻挡它的去路。这是真的呢。还有，如果它绕着全球跑一周，向同一个方向行进，不就能回到原点了吗？这个道理和地球的道理相同。虽然地球如此之大，我们生活在地球上，就像一条小虫一样，我们对于地球来说，就像一条小虫一样，我们可以向一千个方向一直走，甚至绕地球一周，我们根本不会遇到什么障碍，更不会触摸到天的圆顶，最后还会回到出发点。因为我们的地球是一个巨大的球，它没有任何一点的支撑，独自浮游在天空中。至于那个圆形的盖在地面上的蓝色圆盖，并不真的是一个圆顶，它是空气的蓝颜色形成的，它把地球包围了起来。"

喻儿问："叔叔，你刚才所讲的小虫儿所爬行的大球，这个球是用一根线系住的。那么，地球呢？挂着它的是什么样的大铁链呢？"

"地球是悬挂在天空中的，并不是被什么铁链挂着，也没有任何支柱支撑着它，就像一个在座盘上的地球仪一样。一个印度神话里说，人类居住在由四根黄铜的柱子支撑的房子里。"

"那么，又是什么东西支撑着那四根柱子呢？"

"是四头白象支撑着它们啊！"

"那又是什么东西在支撑着那四头白象呢？"

"是四只大海鳖在支撑着它们啊！"

"那么，那四只大海鳖是被什么东西支撑着的呢？"

"它们游在一个牛乳海。"

"牛乳海在哪儿？"

"这些内容，那个神话上就没有提到了，其实也没什么必要再追问下去。也不必去想是什么东西在支撑着地球。假如地球真的被一个座盘支撑着，那么就要有第二个东西来支撑着座盘，再然后又会有第三个、第四个甚至于第 1000 个问题，只要你愿意一直往下问，只不过这些问题根本没有答案。最后把你所幻想出来的所有支撑物体都猜测完了，你还会想，最后的那个物体是被什么东西支撑着呢？可能你们在想天上的那个蓝色圆顶，可以把地球盖住。但你们都知道了，这个圆盖只是空气造成的形状而已，并不是真有的。另外，数不清的旅行家游遍了地球的每个地方，可他们从没看到过有哪个地方挂着一条链索或像座盘样式的东西。他们在世界各地所看到的景象和我们在这里看到的景象是一样的，地球和月亮、太阳一样，没有支柱地孤立在空中浮游着。"

喻儿坚持说："可是它为什么可以不掉下来呢？"

"孩子，掉下来就是掉到地上，就像你拿起一块石头扔出去一样，那个球是整个地球，它有可能会掉到自己身上吗？"

"当然不能了。"

"好，现在我们想象一下。地球的四周都是一样的，也就是说，这里是没有上、下、左、右的。我们所说的上面就是指天空，是附近空间之上，可是地球的另一面也是天空，那面的天空和我们这面的天空是一样的，没有任何的区别，这些都是人们观察到的真实情形。如果你觉得很简单，地球不会掉到我们这一面的天空，为什么你会认为它会掉到另一面的天空呢？其实它冲向另一面的天空就是像小鸟一样升起来，小鸟只要展翅高飞，就能在我们头上自由自在地翱翔了。"

"地球是圆的，要想证明这一点并不难，有以下几个事实可以证明。一个旅行的人往一个城市行进的时候，横过一块平原，如果平原上没有阻碍他视线的物体，那么从远处看那座城市，他最先看到的是那座城市里如塔和楼阁的尖顶等最高的地方。当他跑得离城市比较近的时候，就完全能看清塔的最高层了；再往前继续跑，就能看到高房子的屋檐了，随着他离城市距离的一点点缩短，他的视线能看到的东西也就越来越多，城市中最高的、最低的，他就都能看到了，这是因为地面的形状呈圆弧形的。"

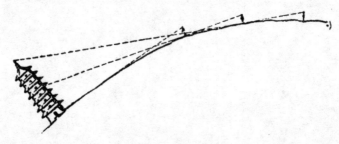

保罗叔叔随手拿起旁边的一支铅笔，一边在纸上画了上面的那副图，一边继续说道：

"由于地球的圆弧线遮蔽了观测者的视线，所以最远处的人根本看不到这座高塔的顶，观测者距离塔近一点时就可以看到高塔的上半部分了，可还是看不到下半部分。最后，观测者距离塔更近的时候就能完全看见这座高塔了。如果地面是平的，那么不管距离塔有多远，都可以全部看到塔的全部，绝不会出现前面的情况。即使从远处看不如从近处看清晰，但那只是因为距离比较远，可是即使这样，看到的仍然是塔的全部。"

下图也是保罗叔叔的画，画上是两个观测者，两人相距很远，但他们站在同一个平面之上，他们都看到了塔的全部，接着，他又继续了他的话。

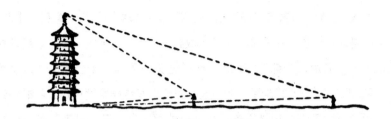

　　"在陆地上找一处地面平坦、适于观察的地方，就像我刚才告诉过你们的那样，你们知道吗？要找到这样的地方可不是一件容易事。因为大部分地方都有很多山丘、斜坡，或者树木挡着视线，使人们无法从顶到底看见隐约的塔和高房子，他就是要往这塔或高房子走去。海面上没有什么任何障碍物，可以使得视线不被阻挡，但它的水面是凸面，之所以会形成这样的凸面，都是因为地球的整个弧形线造成的。所以，那里最适合研究出地球圆形所产生的现象了。

　　"大海中的一条船向海岸行进的时候，船上的人最先能看到海岸上的东西就是海岸上的最高的地点，比如山峰等。再向前行进一段距离后，就能看到高塔的顶了；再向前行进一段距离后，就能看到海岸边了。同理，岸上的观测者看向大海中的这条船到来时，也是先看到船桅的顶，过一会儿才能看到上帆，再过一会儿后看到下帆，最后才能看到船身。如果那条船是离开海岸的，那么海岸上的观测者会看到船儿渐渐消失在一望无际的水面上，就像钻进了水里一样，这个过程都是相反的，先看不到船身，然后再看不到下帆，接着是上帆，最后看不到大桅杆的顶点。如果你们还是不懂，我来给你们画幅图，你们一会儿就能知道是怎么回事了。"

　　喻儿又有了新的疑问："地球有多大呢？"

　　"地球的周长是四千万米，也就是四万公里。看我们房间里的这个圆桌的周长，你们要手拉手地把它围绕起来，那只要三个、四个或五个人就够了。如果要人们手接手地把地球的大肚子围起来，就像你们几个人围圆桌似的，就至少需要两三千万人，这个人口数量等于法国的全部人口，如果一个旅行家每天走四十公里，这个速度是非常快的，几乎没有人可以做到，天天走，要走三年才能绕地球一周；如果地球上没有海，全都是陆地，一个普通人一天走四十公里，一定会累得筋疲力尽，第二天就无法继续走了。你们说有哪个人有这样连续行走三年的脚劲呢？"

"那个下雨天到松树林里去看行列虫的那次是我有生以来跑得最长的路了，那天我们走了几里路呢？"

"差不多有十六公里吧，去的时候八公里，回来的时候八公里。"

"天哪！我都跑得筋疲力尽了，才只有八公里啊！后来，我都没办法把一条腿提到另一条腿的前面去。如果让我跑地球的周长，那么至少也要七八年的时间了。"

"你计算得完全正确。"

"那么，地球真的是个非常巨大的球吗？"

"没错，孩子，它的确是非常巨大的。我再来给你们举一个例子让你们能更快地了解它。我们用一个直径为两米的球来代表地球，然后以适当的比例，把几个主要的高山，凸起着浮在表面上。世界上最高的山是珠穆朗玛峰，它是喜马拉雅山系的一部分，海拔高至八千八百四十八米。很少的高云能到达它的山腰上。在这样一个庞然大物前，人类是多么的渺小啊！来！我们把这个巨人，搬上咱们这个用来充当地球的大球上，你们知道按照比例，这个庞然大物要用什么东西来代表吗？一粒微小的沙粒，你们把它夹在手指间就会落掉下去，这粒沙浮铺起来的高度只有一点三三毫米！那个庞然大物的确非常高大，它让我们觉得自己是如此渺小，但它和地球相比，真是不算什么。欧洲最高的山是勃朗峰，高度约为四千八百一十米，按照比例，用来代表它的沙粒只有前一粒的一半大。"

克莱尔插话道："叔叔，当你告诉我们地球是圆的时，我心里还在纳闷，为什么地球上有那么多高低不平的巨大的山和深幽的谷，却还是圆的呢？我现在终于明白了，原来这些庞然大物和千沟万壑与地球相比，才真的是太渺小了。"

"这个情况与橘子皮上的皱纹的情况相似，虽然橘子皮上有那么多皱纹，可它还是圆的。地球也一样，虽然它的表面上高低不平，可它还是圆的。就像现在这样一个巨大的球上有一些大大小小的沙粒，它们的大小和地球的大小相比，又算得了什么呢？"

艾密儿叫起来："好一个大球啊！"

"想要量出整个地球的表面，可是件太困难的事了，可你们知道吗？人类不仅量出来了，而且还称出了地球的重量，就像把东西放在天平秤盘上称物体质量那样，还在另一个面盘上放上称量的砝码。孩子们，科学有着丰富的源泉，这说明人类有着无穷的力量。他们是用什么方法秤地球的呢？现在我还没办法向你们说明。他们用的可不是天秤，由于人类智慧的伟大力量，帮助人类解开了这个宇宙的大谜，他们称出的地球的重量并没有人们想象中的那么重。这个重量就是六后面跟上二十一个圆圈，也就是约六十万亿吨！"

喻儿说："这个数目太大了，我的头脑都被弄糊涂了。"

"所有的大数目都是这样困难的。我们可以想办法避开这个困难。我们且来试一试，假定地球可以放在一辆车上，可以像在马路上那样拖着。那么这么重的东西要用多少匹马才能拖动它呢？我们在它的前面架上一百万匹马，在这队之前再添一百万匹，第三排仍是一百万匹，直到第一百排甚至第一千排，每排都是一百万匹马。这样的话，马的数量就有十亿匹了，这么多的马即使是全世界的牧场也养不下。马匹安排好后，就可以加鞭拖车了。可是孩子们，力量还是不够大，车子一动也不动。所以说，想要拖动它，至少需要一百万亿匹马的队伍才行。"

喻儿说："天哪！实在太大了吧？

他的叔叔肯定地说："是呀，的确是非常大。"

"叔叔，是呀！太大了。"

克莱尔说："所以把我的头脑都弄晕了。"

保罗叔叔说："那就是我想让你们认识的。"

THE STORY OF
NATURE

五十二、大气层

　　"如果你们把手很快地从脸前挥过去，就会觉得有阵微风吹到脸上，这阵微风就是空气。它在静止不运动的时候，我们是感觉不到它的存在的，等你用手用力扇的时候，就会感觉到一阵微弱的动荡和一阵阵清凉的快感。但空气的震荡也不总是这样温柔的，有时候，会变得非常蛮横。一阵猛风刮过时，常会把树连根拔起来，把屋子吹倒了。这种猛风仍然只是一种像一河流水那样从这里流到那里的活动的空气。空气是透明的、看不见摸不着的、无色无味的气体。可是如果它聚成了非常厚的空气层，那时它就不是无色的了，就会显示出微弱的颜色。水也是一样的，少量的水看上去也是无色的，可是海洋、湖泊、江河里大量的水的颜色就成了蓝色或绿色的。空气也是一样的，少量的空气看上去是无色的，可是它有十数公里那么厚的时候，就是大气层，它就是蓝色的了。比如你看向远处的风景，颜色就是微蓝色的，因为我们和这风景之间有一层浓厚的空气层。

　　"地球周围的空气层有六十公里那么厚。它是大气层，就像是空气的海，软软的云就是在这里面浮游着的。所以天空的颜色是蔚蓝色的。天空的圆盖形状是大气造成的。

　　"孩子们，你们知不知道？我们住在空气里面，和鱼住在水底是一样的，那么这空气的海洋对我们有什么用处吗？"

　　喻儿摇摇头说："不知道。"

　　"地球上所有的生命都离不开这个空气的海洋，植物和动物都包括在内，如果它们离开这个空气的海洋，都将不能存活了。我们要生存下去，主要是吃、喝和睡。如果饿上一段时间，哪怕这个时间再短，那么再粗糙的食物也会变得香甜适口；口渴则是嘴里刚开始觉得干燥，就会对水产生很大的渴望，当我们感觉到轻微的疲倦时，就会有睡觉的欲望，借此得到休息，所以快乐的引诱比粗暴的痛苦更折磨人。痛苦使人更加需要这些，以从中得到满足。可是如果不能让他们立刻满足，他们就会在这些痛苦面前屈服。谁会不怕饥饿呢？孩子们，我想你们一定没有经历过那些吧？我希望你们永远不知道饥饿的滋味，假如你们真的经历过这些，当你们再想到那些经历过饥饿的可怜人时，你们的心头就会一沉，孩子们，你们看到那些饥饿的人们，要给他们食物，帮他们度过这个痛苦的时刻，这样的话，你们就做了世界上非常高尚的事了。"

克莱尔用手擦去了脸上一滴情感的眼泪。她看到保罗叔叔脸上闪着光彩，这些话都是保罗叔叔心底的声音，过了一会儿，保罗叔叔接着往下说：

"除了饥和渴，还有一个比它们更加强烈的需要，这个需求是时刻不能没有的，而且永远不会满足，在它面前，饥和渴的需求就不算什么了，这个需求使自己感觉到，醒着还是睡着，白天还是黑夜，每一个时刻都需要它的存在，这个需求就是空气，空气对生命来说是至关重要的，它对于生命来说，并不是有意的需求，可是空气却自己进入我们体内，满足了我们的需求，发挥了它奇妙的作用。空气是生命体生活中最重要的物质，接下来才是日常的营养。如果缺少食物，那么在较长的期间才能察觉到，而对于空气的需要可是无时无刻的，没有间断的，迫切而紧急的。"

喻儿说："可是叔叔，我从来没有想到我平时一直都在吃空气。你今天说起，我才第一次知道，空气对于我们原来这么重要。"

"你没有察觉到，都是因为它在不知不觉中进入了你的身体内，你可以试一试，把鼻子和嘴这两个空气的入口都关闭上，使空气无法进入你的身体里，这时你就知道它的存在有多么重要了。"

喻儿听从了叔叔的话，尝试着做这个实验，把口闭上了，又把鼻孔用两个指头塞住了。不一会儿，他的脸渐渐涨红起来了，这样的痛苦使得他不得不立刻停止这个试验。

"叔叔，不可能一直这样把嘴巴和鼻孔都关闭上，刚才如果闭得时间再长一点，可能我就会被闷死了，至少也能产生感觉自己要死了的感觉。"

"好吧，你现在应该相信想要生存下去，空气有多么重要了吧？无论是微不足道的小虫子，还是巨人，他们对于空气的需求都是相同的，空气是他们首要的生命条件。连那些住在水中的鱼及其他动物都是一样的，它们对于空气的需求丝

毫不比别的动物少。只不过它们的生活环境是有空气渗透与混合在内的水里。你们年纪再大一些的时候，就可以做这样一个证明空气对于生命的重要性的实验。你们把一只鸟关在一个玻璃的圆罩里面，把罩子的四周都封得非常严密，然后把罩内的空气用抽气机抽光。当玻璃罩子里面的空气被抽光之后，那只鸟儿就会站立不稳了，然后就会有一阵可怕的挣扎，之后就会倒下死去。"

艾密儿插话说："空气一定非常多吧，因为全世界所有人类和动物所需要的空气一定是非常多的。"

"没错，孩子，需要的空气的确非常多。一个小时的时间里，一个人需要的空气约为六千立方米。可是大气非常多，这个空气的海洋是非常大的，完全可以满足地球上所有生物的需求。这一点，我会让你们了解。

"空气是最轻微的物质，一立方米空气的质量只有一千三百克，你们知道这个重量有多么小吗？用水的质量来比较一下你们就知道了，同体积的水的质量约有一千千克，也就是说，同体积的水比比空气重七百六十九倍。而所有大气的体积是多么的巨大，它们的总重量一定会让你们大吃一惊，完全超乎你们最大的想象力。如果把大气中所有的空气装在一起，放到大天平的座盘里面称一称，你们能不能猜出另一个座盘里要放上多重的砝码，两边的质量才会相等？你们知道这个数目有多大吗？你们可以任意把它想象成几千几万公斤，空气那么轻，所有的空气加起来质量却有那么重，你们说，空气的海洋是不是很大？"

克莱尔提议说："几百万公斤总有吧？"

保罗叔叔神秘地说："那只有一点而已。"

"那么把这几百万公斤再乘十乘百呢。"

"这个数目可是远远不够的。两个座盘还是无法平衡的。好了，你们不要乱猜了，我来告诉你们答案，这个质量的数目早就不是一般的数字所能表达的。因为这个质量，即使是最重的秤锤也是发挥不了作用的。为此，我们要发明一个新的秤才能称量它的质量。可以想象一下，有这样的一个重九十亿吨的立方块，用它来当做我们称量质量的砝码。若想让这两边的托盘平衡，那么一定要在另一个座盘里要放进去五十八万五千个这样的砝码。"

克莱尔吃惊地问："真的吗？"

　　"当然了，我告诉你们这些，是希望你们能知道，想要探求着画出空气层的体积几乎是不可能的。空气就像一张皮一样紧紧围在地球四周。你们知道这个空气的海洋和地球有什么关系吗？不要以为它像桃子上细到眼睛都看不清的细毛一样，对于桃子自身没有任何影响，孩子们，你们知道我们是多么可怜的人吗？我们游荡在这个大气的海底下，但我们可以通过我们的智慧，把大气和地球放在一起称出质量，这是一件多么伟大的事啊！虽然大自然是非常庞大的，但是想要压服聪明的人类，那是不可能的，因为我们有丰富的知识，我们的思想永远是超越大自然及至宇宙的。"

五十三、太阳

第二天一大早，保罗叔叔就带着他的侄儿侄女们到离家最近的山顶上看日出。这时，天还没有完全亮。他们穿过村庄时只遇到了卖牛奶的小姑娘，她们拿着乳酪和牛奶上城市里去卖。还看到铁匠正在铁砧上敲打着红热的铁，火炉里的火熊熊燃烧着，把路都照亮了。

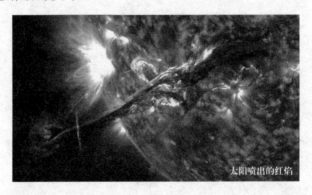

太阳喷出的红焰

保罗叔叔带着这三个孩子在一丛杜松树下面坐着，耐心等候着即将到来的壮观景象，这可是他们特地跑上山看的。过了一会儿，东方的天色一点点亮了，星星的光渐渐暗淡了，又过了一会儿，就全都不见了。那些玫瑰色的云浮游在光亮中，柔弱的光照渐渐升起。这光照到了天顶，白天的蔚蓝色就显现出来了。这个晨光就是曙光，它预示着日出的半亮的天，这段时间就是黎明。同时，百灵鸟正欣赏着田野的景色，也一溜烟似的飞到云里去了，它可是迎接苏醒过来的白天的第一个欢迎者。它一边唱着歌，一边向上飞着，就像是太阳的前驱一样，它用自己嘹亮的歌声，颂赞和欢迎着光明使者的到来，树叶丛中刮起了一阵微风，有了一些细微的抖动，小鸟儿们醒了过来，在啁啾地开心地叫着，农户们把牛牵到了田里，只见那牛老老实实地停在那里，就像是在思考一样，睁着它那双温婉柔顺的眼睛，"哞，哞"地叫着，所有的生物都活泼而有生气，各自用自己的方式，向大自然贡献着力量，它们把太阳给我们召唤了出来。

这时，一排明亮的光线照过来，山巅一下子亮了起来。这是太阳的边缘，它正在天边升起，在这个光芒四射的怪物下面，地球也悸动着。发光的面盘一直缓缓向上升，过了一会儿，它快要完全露出头了，那样子就像是一块红热的铁圆磨盘石一样，透过朝雾带着刺眼的光芒照射到大地上，不一会儿，它耀眼的光亮就令人无法直视了，它的光芒在平原上四射开来，一股热量使太阳变得更加新鲜。山谷深处的雾散开了，叶子上凝聚着的露水也被太阳的温热蒸发了，它们这些生命只能在夜里停留，到了这个夜晚，它们就能复活而蓬勃了。太阳每天都是东升西落，按照这样的路线循环往复着，它把光和热带给了大自然，使金黄色的农作物成熟，给花带来清香，令果实成熟，带给每一种生物生命的力量。

保罗叔叔在杜松树荫下继续着他的谈话。

"太阳到底是什么，它有多大？离我们有多远？孩子们，我现在就把这些问题的答案告诉你们。

"要量出两点之间的距离，你们知道的方法就是从距离的两端，一直量下去，这是你们知道的唯一方法，可是科学的方法有很多种，它可以把一个人不能亲身去测量的路程测量出来，用这样的方法，我们可以不必跑到山顶上去就能知道一座山的高度，甚至连它的山脚都不必走近就可以测量出来。要测量出太阳和我们之间的距离，所用的就是这样的方法，下面的结果就是天文学家计算的：我们和太阳的距离约为一亿五千二百万公里。这个距离是地球周长的三千八百倍。以前我和你们说过，假如说一个旅行家一天能走四十公里，要费时三年才能在地球上走一圈。如果有一条从地球通往太阳的路，那么这个旅行家要走完这条路，耗费的时间约为一万二千年。人类的寿命，即使是一个再长寿的人，和走这个路程所需时间相比，也是短得微不足道的，这么长的路程根本不是一个人就可以走完的。即使一百个人前仆后继地跑上一百年，这样的努力还是不够的。"

喻儿问："那么一列火车需要耗费多长时间才能跑完这一条路呢？"

"那么，你还记得火车的速度吗？"

"是的，非常快，那天我们和你一起坐火车的时候，我看向窗外，路边的物体就像往后飞奔一样，速度太快了，令人眼花缭乱了。"

"那火车每小时约跑四十公里，假定有这样一辆火车，它可以永不停止地向前跑，时速可以更快，达到一小时六十公里，即使是这样快的速度，要从地球跑到太阳处，也要用约三百年的时间。就算聪明的人类可以制造出跑得最快的火车，让它跑这样的一段路程，相比之下，它的速度也像是一只懒惰的蜗牛爬行着环游世界一样。"

艾密儿说："不久以前，我还以为想要碰触到太阳，只要爬到屋顶上，再用一根长芦苇帮一下忙就可以了。"

"太阳在一些只相信形式的人们眼中只是一个耀眼的圆盘，它的个头最多也就像一块磨盘石那么大。"

喻儿说："我昨天是这样说的，可是既然它这么远，就更像一个磨盘石那样大了。"

"第一，太阳不像一块磨盘石似的那样平，它和地球一样，也是一个球，另外，它比磨盘石要大上不知道多少倍呢。

"我们看事物的时候，离它越远，它的形象在我们的眼中就会显得越小，直到最后远到看不见了为止。从远处看一座高山，就像是一座形状很小的小丘，教堂屋顶上的十字架实际非常大，可我们在下面看，就认为它非常小。太阳也一样，它离我们非常远，所以在我们的眼中，它非常小，想一下，它距离我们那么远，我们还能看到它像是一个耀眼的磨盘石，那么它一定非常大，否则，这么远的距离，我们早就看不到它了。

"你们知道了地球是多么大，你们一定是想用我说的方法对太阳和地球进行比较，不然，你们可能根本无法理解太阳究竟有多大，太阳到底有多大呢？它比地球大出一百三十万倍，也就是说，如果太阳是一个球形的空壳，那么这个空壳的内部可以放下一百三十万个地球大小的球体，在此我们假设放进去的各个地球间没有一点空隙的话。

"我们再用另一种比较方法来说明这个问题，往一种名叫升的量器里装麦粒，装满它需要一万粒麦粒，那么要装满十升，就需要十万粒麦粒，也就是一斗，那么，一百三十万粒麦粒可以装满十三斗。如果在十三斗的麦粒旁边再另外放上一粒单独的麦粒，这时，一粒单独的麦粒就代表地球，而那十三斗的一堆，就代表着太阳，你们现在可以比较出太阳和地球的大小了吧？"

克莱尔叫着说："天哪！我们太天真了，原来这个小小的发光的圆盘有这么大，地球和它相比，简直太小了。"

"孩子们，我还没有讲完呢，之前我曾经给你们讲过闪电与雷响的知识，那时我就告诉过你们，光的速度是非常快的。从太阳到地球之间的距离，一辆速度最快的火车也要跑上三百年才能到，而光走这样的距离只需要半刻钟的时间，也就是八分钟左右。还有，我要告诉你们一个天文学上的知识，不管我们在地球上看到一颗恒星有多么渺小，而它都比太阳还要大得多，而且，这些恒星在我们的眼里，只是一个很小的光点，数目多得数也数不清。它们距离地球非常非常远，最近的一颗恒星到地球的距离，即使是走得非常非常快的光，也要走近四年的时间才能到达。而最远的恒星与地球之间的距离，光要走千万年的时间才能到达！以后，如果你们有这个能力，可以估计一下这些恒星和地球之间的距离，来比较一下这些数目和大小如何。但我还是劝你们放弃这个想法，这些都是大自然的杰作，这些数字太庞大了，在它们面前，人类的智慧显得微不足道。所以不必去试了，试也是白费力气，但如果你们那样做的话，你们的心胸更将激情浩荡，并且会知道大自然的神奇，叹服它无限的法力，用它的一双妙手在无边无际的天空中，散布下那么多的恒星。"

五十四、白天与黑夜

"如果距离地球一亿五千二百万公里的太阳每天都围绕着地球转，那么它一分钟内走过的距离是多远呢？答案是四十余万公里，这个速度看似不可能，但是对于太阳来说，却算不得什么。我曾经告诉过你们，恒星比太阳的体积还要大，比太阳还要亮，只是它离我们太远了，所以它在我们的眼中是非常小的，距离我们最近的恒星是太阳离地球的距离的三万倍。所以，看上去，它们是在二十四小时内绕地球一周的，行进的速度是一分钟四十万公里的三万倍。那么距离我们比太阳离地球的距离远上一百倍、一千倍、一百万倍的恒星，它们都要在二十四小时内绕完地球一周，这时，我们怎么能够不考虑它们离地球的距离呢？你们要记住太阳的尺寸。在太阳旁边，地球就像是一撮泥土一样，而我们却要让太阳在无边无际的宇宙空间里，用几乎不可能达到的速度绕着地球旋转，只是因为它要把光和热给我们。还有很多别的恒星，它们都距离地球非常远，体积也是非常大的，还要让它们用更快的速度绕着相对来说非常小的地球旋转，走完它一天的路程！这样的设想太不合理了，如果是那样的话，也就等于让火灶头和整个的屋子围着一只熏叉上的小鸡儿旋转了。"

克莱尔又插进话来说："也就是说，其实是地球在转动了，我们也在跟着地球一起转动吗？因为地球在转动，所以太阳和其他的恒星看上去就像是在向我们相反的方向转动一样，这个道理和我们在火车上，看到树木和房子在向后倒退的道理是一样的。太阳看上去是从东

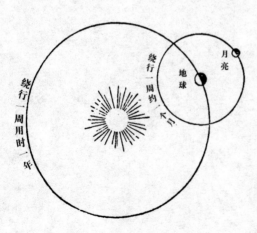

地球绕太阳，月亮绕地球的运行

到西地在二十四小时内绕着地球转，也就是说，地球围绕着它的轴从西向东地每二十四小时转一圈。"

"地球在太阳前旋转时，会把自身上的各个部位朝向太阳，渴望被它的光普照着，它绕着轴转着，就像一只陀螺一样。还有，它在二十四小时内自转一圈，绕太阳转一圈，需要一年。这从玩陀螺就可以得到结论，地球的动作和陀螺发生的动作非常相似。陀螺旋转的时候只会围着一点旋转，不会向别的方向移动，地球也是一样的，就算咱们夜晚休息的时候，它也在旋转着，但把陀螺放出去后，它会绕着一点旋转，同时，还会在地上绕着转圈。那时，它的双重运动和地球的双重运动是相似的。陀螺在下端的点上旋转时，就像地球在它的轴上的自转运动，陀螺在地上绕圈，就像是地球绕着太阳作的公转。

"也有别的方法可以让你们来认识地球的双重运动。譬如：把一张圆桌放在一间房间里，在圆桌上放一支蜡烛，把它点亮，用它来代表太阳。接着，你们可以用脚尖着地，绕着桌子转圈。你们自身的每一次旋转，就像是地球在它的轴上的自转一样，你们绕着桌子转一圈，就像是地球绕着太阳的公转。而且，在你踮着脚尖转动的时候，你连续把头的前面和后面按照转圈的方向交替地面对蜡烛的光，做过这个实验后你就知道了，你头的每一个方向，都在交替着对着光或背着光，当一面向着光时，另一面就是背光的。地球的情况和你们做的实验情况相同，它在转动的时候，它的每一个部位都是交替着面对着太阳光，面对着太阳的半球是白天，另一面就是黑夜。日与夜的道理就是这样简单。地球自转一次的时间是二十四小时。在这二十四小时中，包括日与夜。"

喻儿说："我现在知道为什么会有白天黑夜了，面对太阳的那半个地球是白天，背对着太阳的那半个地球就是黑夜。但地球是转动着的，所以地球的每个部分都能相继地面向太阳，而它的另外一面就会转进黑暗的半个地球里了。火上熏烤的小鸡儿，身体的每个部分都会交替着面对灶中的火，道理是一样的。"

艾密儿说："也可以说，鸟面对火的那半个身体是白天，另外半个背向火的身体是黑夜。"

喻儿接着说："还有一件事我不懂，如果地球的自转需要二十四小时，那么十二个小时的时间，我们就跟随地球转了半个圈，这时，我们就是颠倒的了。这时，我们的头向上，脚向下，再过十二个小时后，我们又头向下，脚向上了。在这样的情况下，我们也并没有感觉到有任何不舒服，为什么没有任何人摔下来呢？那样的话，我们只能在地上爬行着才能使自己不至于跌下来吗？"

保罗叔叔说："没错，但也有一些错误，十二个小时后，我们的头和脚的朝向位置交换，虽然我们的身体颠倒过来了，但是不必担心有掉下去的危险，也不会有任何的不便，那是因为我们的头是永远指向天空的，地球的四周都被天空包围着；我们的脚将永远是向下的，也就是说，脚是永远停在地上的。我们所说的跌下，就是摔在地上，并不是向四周的天空摔去，不管我们的地球是公转还是自转，我们在地球上的状态永远都是脚踏着地，头顶着天，永远都是这个状态直立着的，一点不快的感觉和跌落的危险都不会有的。"

艾密儿问："那么，地球转动的速度快吗？"

"它用二十四小时的时间自转，所以，地球上离中心位置最远的区域，都会在这二十四小时内走过四千万米，也就是说，这些点的旅程都是地球的周长，速度就是一秒钟走四百六十二米。这个速度非常之快，是一个刚离炮口的炮弹的速度，也等于一辆快速的火车速度的三十倍。高山、平原和海洋，任何时候都不会改变它们的位置，更不可能跟着地球自转的一秒钟四百六十二米的可怕速度在圈里互相追逐着。"

"是啊，这些东西平时都是静止的啊！"

"火车的速度很快，如果我们坐在车上，它用惊人的速度载着我们向前冲，如果没有车辆的颠簸，我们不也是认为自己是静止不动的吗？所以说，地球的迅速转动，对于地球上的所有生物来说，也是非常平稳的，如果没有星星们的移动，我们根本不可能觉察得出来。"

喻儿说："如果坐在一个热气球里，一直升到高空，我们应该就能看到地球的转动了，海洋和海上的岛屿，大洲和它的国家、森林、高山等都能看到，他待在那个气球里二十四小时，就能看到地球转一圈，这样的风景太伟大了，这样的旅行又稀奇又省力，等到下面的地球再次转到自己的国家时，他只要从热气球上跑下来就可以了，这样的世界旅行又省钱又省力。他可以在二十四小时内，一动不动地浏览遍世界各地的风光。"

"你说得对。这样浏览一遍世界风光，的确很令人艳羡。我们在空中等着，世界各地都会被自转的地球带到我们下面的，我们的脚下，会交替着出现海洋，远方，雪盖的山，第二天的这个时候，我们就又回到自己上升的地方了。我们首先看到的海洋就是大西洋，它响着巨大的波浪的声音，会把我们的谈话声都淹没了。一个小时后，又会看到另一个洋。海上的装着三大排的炮的大兵船，都会在我们的下面全力向前跑着。过了这个洋，又会来到北美洲，然后会看到加拿大境内的湖泊，辽阔的大草原上有红皮肤的印第安人在捕杀野牛。接着，又会看到比大西洋还要大得多的一个大海洋，这时已经过去了七个小时。这时又能看到一个长条线形状的岛，这是什么岛呢？那里的渔人都穿着厚厚的皮衣晒青花鱼。那个长条岛是千岛群岛，在堪察加半岛的南侧。这样大的岛，一会儿就从我们脚下过去了。我们根本来不及仔细看清那里的风景，下面就到了蒙古和中国，这里是多么的漂亮啊！可是地球还在不停地转动着，中国一会儿就从我们脚下过去了。接下来是中亚细亚的沙漠和高过云的山。这儿是里海边的草地，住的都是哥萨克人，眼前是鞑靼人的牧场，牧场上有无数的马在嘶叫着。再接下来，又看到南俄罗斯、奥地利、德国、瑞士从我们脚下快速溜过去，接着又回到了我们的祖国——法兰西。咱们赶快下去，地球已经转完一圈了。

　　"孩子们，你们千万别去想这个莫名其妙的场景，地球自转的速度非常快，我们的眼睛根本就无法看到，像喻儿说的那样，以为我们坐在一个气球里，上升到天空中，就能看到地球带着它的陆地和海洋从我们的脚下经过。这样的事情不可能发生，因为地球自转的时候，它周围的大气也跟着它一起自转着，所以我们所坐的气球并不是静止的，它也会跟着大气一起转，所以不可能坐在气球上就把全世界的风景看一遍的。"

克莱尔说："叔叔，你和我们说过，地球一方面绕着它的轴自转，同时又绕着太阳公转。"

"是的，它走完这一圈需要三百六十五天的时间，也就是说，它要绕着它的轴转三百六十五次，才能绕着太阳走完一周。这次路程刚好用去一年的时间。"

喻儿说："地球绕着它的轴转一圈需要二十四小时，这样转上一年就绕着太阳转了一圈。"

"是的，孩子，你想象一下，把一张圆桌放在一间房间里，在圆桌上放一支蜡烛，把它点亮，用它来代表太阳。你则代表地球，你每绕桌子走一圈，便是一年。接着，你们可以用脚尖着地，绕着桌子转圈。你们自身的每一次旋转，就像是地球在它的轴上的自转一样，你们绕着桌子转一圈期间就需要自转上三百六十五圈。"

艾密儿说："看上去就像地球围绕着太阳在跳圆舞。"

"这个比喻虽然不太恰当，但的确是这个意思，由此看出，艾密儿虽然年龄小，但他把这些知识都理解了，一年有十二个月，分别为：一月，二月，三月，四月，五月，六月，七月，八月，九月，十月，十一月，十二月，这十二个月的长短不同，有时候很容易记混了，有几个月里的天数是三十一天，有几个月是三十天，二月的天数是按大小年的不同分别是二十八天或二十九天。"

克莱尔说："这些我都不知道，是绝对说不出五月、九月或者别的月份的天数到底是三十天还是三十一天。叔叔，我们怎样才能记住哪个月份有多少天呢？"

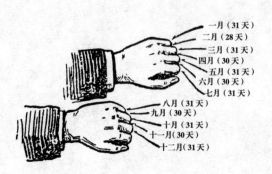

一月（31天）
二月（28天）
三月（31天）
四月（30天）
五月（31天）
六月（30天）
七月（31天）
八月（31天）
九月（30天）
十月（31天）
十一月（30天）
十二月（31天）

"这里有一本日历，从这本日历中能知道一种非常简单的方法。你们把左手除大拇指以外的几个手指握成拳头，其他四个指骨都凸成骨峰，中间下凹的骨窠分开一点。把右手的食指放在这些骨峰与骨窠上，从小指的骨峰依次数下去，同时也按一年的月份往下数，一月、二月、三月……数完这四个指节后，再回到开始的地方，把刚才没有数完的月份数完。这样一来，在骨峰上数到的月份，都是三十一天；在骨窠里数到的月份，都是三十天。注意一点，第一窠内的二月份一定要除去。因为二月份的天数是照着年份的大小分的，有时候是二十八天，有时候是二十九天。"

克莱尔说："我试着数一数，先来看五月份的天数：一月在骨峰，二月在骨窠，三月在骨峰，四月在骨窠，五月在骨峰。也就是说，五月是三十一天。"

保罗叔叔说："是的，很简单吧？"

喻儿插进话来说："我也要试一试，我要看看九月份有多少天：一月在骨峰，二月在骨窠，三月在骨峰，四月在骨窠，五月在骨峰，六月在骨窠，七月在骨峰。我手上的峰和窠都数完了，接下来应该怎么做？"

保罗叔叔耐心地教他："再回到开始的地方把后面的月份接着数下去就行了。"

"从开始数的地方继续数吗？"

"是的。"

"那么，八月在骨峰。这里连着有两个骨峰。也就是说，七月和八月都是三十一天吗？"

"是的。"

"我再重新数一遍。八月在骨峰，九月在骨窠，那么就是说，九月有三十一天。"

克莱尔问："为什么二月的天数有时候是二十八天，有时是二十九天呢？"

"孩子们，地球围着太阳公转一周需要的时间是三百六十五天，它还要再多走六个小时，差不多六小时。在计年的时候，为了日数的计算整齐，这六个小时会暂时放开不计算。满四年时，这四个六小时就组成了一天，于是就把这一天加在二月份里，所以这年的二月份就有二十九天，而不是二十八天了。"

"也就是说，前三年的二月是二十八天，第四年时就是二十九天了。"

"没错。二月份是二十九天的这一年就是大年。"

喻儿问："叔叔，四季是什么？"

"这个问题，你们不太容易理解，这是由于地球绕太阳的公转，形成了长短不同的四季。"

"一年有四季，每个季度有三个月，这四季分别是春季、夏季、秋季和冬季。春季大约是从三月二十日到六月二十一日；夏季大约是从六月二十一日到九月二十二日；秋季大约是由九月二十二日到十二月二十一日；冬季大约是由十二月二十一日到三月二十日。

"在三月二十日与九月二十二日，太阳晒向地球两边的时间相等，都是十二个小时，六月二十二日是一年中白天最长黑夜最短的日子，看到太阳的时间最长，约为十六个小时，黑夜的时间只有八个小时，越往北，白天越长，而夜晚越短，有些地方的太阳比我们这里升得要早，早上两点就升起来了。夜里十点才落山，还有的地方的太阳升起和下落是相连着的，这天太阳刚落下山，那边就又升了上来。地球的极点，就像是车轴的中心点，到了这个地区时，其他地方都在动，可这个点的地方却不动了，在这个地方，可以看到非常稀奇的景观，太阳不会落山，整个六个月都是这样，即使是午夜也是一样，那时，这些地方就没有黑夜了。

"到了十二月二十一日，就会出现和六月时所见的情形相反的现象。早上八点的时候，太阳才升起，下午四点就落下去了。那时，白天只有八个小时，夜晚却有十六个小时，而北方的夜间有十八、二十、二十二个小时。极地附近已经看不到太阳了，所以这里整个六个月，白天和黑夜一样，都处在黑暗中。"

喻儿问："那样的地方有人居住吗？"

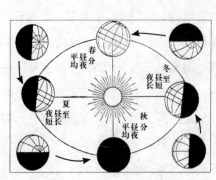

地球在四季的位置

"没有，极地的中心非常冷，所以那里只有一些勇敢的探险家去探险，却没有人在那里居住，而极地四周却有人居住。冬天来临时，啤酒和其他的饮料都冻成冰了，拿起一杯水，向天空泼去，掉下来的时候，就成了雪花，呼吸的时候，嘴里呼出来的湿气，一瞬间就成了霜针，冻结在鼻管口，大海都会结很厚的冰，这使得陆地的面积增大，看上去就像是冰的田和冰的山相连一样。一整个月看不到太阳，全都是黑夜，也可以说，这是一个长夜，虽然有的时候，天不是完全黑暗的，星光洒在白色的雪上，映出一种半明半暗的光，这也能使人们分辨出东西来。住在这里的人们，就是借着这种灰暗的光坐着被一队狗拖着跑的雪橇，做很少的事，他们提前会捕来很多鱼，这为他们提供了足够的食物，他们会把储存的鱼类晒干，那些半腐烂的，又夹杂着恶臭味道的鲸脂就是他们的食物，他们还要靠捕鱼得来的鱼骨和油脂片得到灶内的燃料。总而言之，这里没有柴草，再坚固耐寒的树木，也无法抵抗这样的寒冷天气。个头非常矮的杨柳、桦树可以生长在拉普兰^①的南端，却无法在这里生存下去，大麦在可耕种的草本植物中，属于非常坚强的植物，同样无法在这里生存，在这个地方的附近，没有植物可以生长繁殖，夏天的时候，偶然会有几丛草和苔藓，在岩石间的洞阴中，急匆匆地结下种子。夏季时间非常短暂，根本无法融化所有的雪和冰，所以，根本没有植物可以在这里生长。"

艾密儿说："天哪！这个地方太不幸了，叔叔，我想知道，地球绕着太阳公转的时候，走的速度快吗？"

"要用一年的时间转完一圈，因为它离太阳一亿五千二百万公里，它要用非常快的速度走完这个大圈。这个速度就是每小时十万八千公里。而火车的时速为六十公里。这两个速度你们自己去比较一下吧。"

喻儿叫着说："天哪！地球的质量我到现在还没有完全了解，可它却用这样快的速度在太空中跑？"

"是啊，孩子，地球在太空中没有轴，没有支撑点，却以每小时十万八千公里的速度在它的轨道上飞速奔跑，这真是太神奇了。"

---

①在俄罗斯的北面，是欧洲最北的地方。

五十六、约瑟夫的花

村民们都在口耳相传着一个非常不幸的消息：

那天，小路易斯换上了一条新裤子，这是妈妈给他做的。这条新裤子非常漂亮，有口袋和耀眼夺目的铜纽扣。小路易斯换上这条新裤子后，开心得不得了，举止非常小心，就怕弄脏弄破了新裤子。他开心地看着在阳光下闪闪发亮的铜纽扣，他从里面把口袋翻出来，仔细地观察着口袋的大小，想看看这个口袋里能不能装得下他所有的玩具。他的玩具中，最喜欢的是一块锡表，那块表的表针永远指向一个字。他还有一个大他两岁的哥哥，名叫约瑟夫。现在小路易斯和约瑟夫穿的衣服一样。他们跑到离家不远的林子里玩，那个林子里，有小鸟的窠巢，还有很多野草莓吃。他们有一只雪白的小羊，这是他们两个人共有的，他们还在这只小羊的脖子上挂了一个美丽的小铃。小哥俩把这只小羊带到了牧场，手里提着一个装有很多点心的篮子，以便饿了的时候拿出来吃。他们和妈妈亲吻告别，妈妈再三叮嘱他们不要跑太远，她告诉约瑟夫："看好你的弟弟，早点回家。"于是这兄弟俩就到林子里玩了。约瑟夫提着点心篮子，小路易斯在他的后面牵着小羊。妈妈站在门口目送两个心爱的孩子离开，心里和他们一样的开心，两个可爱的孩子时不时会回过头来对她微笑，一会儿就转弯不见了。

不一会儿，他们来到了牧场。小羊在青草地上跑着跳着，约瑟夫和小路易斯在林子里追赶着蝴蝶。

忽然，路易斯叫了起来："这樱桃太漂亮了，又大又黑，樱桃啊樱桃！我们现在摘下几个来大吃一顿。"

其实那东西并不是樱桃，而是深紫色的大浆果，它们长在低矮的草本上。

约瑟夫回答说："这些樱桃树个头真矮啊！我以前从没见过个头这么矮的樱桃树。不过这样也好，我们就不用爬到树上去摘樱桃了，你也不用担心新裤子会被树枝扯破了。"

小路易斯伸手摘了一个浆果放在嘴里。味道有点涩，又有点甜。

小路易斯一边把它吐了出来，一边说："这个樱桃还没熟呢。"

约瑟夫回答道："那再换一个摘吧。"他又伸手摸了摸，找到了一个比较软的说："这个熟了。"

小路易斯把它放进嘴里尝了尝，又把它吐了出来。

他的评价和吃第一个时相同："这个也很难吃。"

约瑟夫半信半疑地说："什么？都不好吃？这怎么可能呢？你看我吃。"他又摘了一个放进嘴里，接着，吐了出来，又摘下了第二个，结果是一样的，然后是第三个、第四个……直到吃到了第六个，他才不得不停下自己愚蠢的动作，那就说明，这东西真的是不好吃了。

"它们真的没熟呢，我们摘几个放到篮子里拿回家，等到它熟了再吃也是一样的。"

他们采集了一些黑浆果放到篮子里，然后又跑去追蝴蝶了，不一会儿，就忘记了樱桃的事情。

一小时后，同村的薛门骑着骡子在路上走，他刚从磨粉厂里回来，突然，他看到不远处的篱笆下面，一个孩子抱着另一个孩子伤心地哭泣，还有一只小羊，在他们的脚边哀哀地干嚎着。那个年龄小些的孩子对另一个孩子说道："约瑟夫，你快点站起来，我们赶快回家吧。"那个年纪大一些的孩子尝试着起来，可他的腿痉挛地颤抖着，根本就站不起来。那个年纪小些的孩子可怜地哭叫着说："约瑟夫，约瑟夫，和我说话，和我说话呀……"而约瑟夫这时牙齿咬紧，瞪着一张大眼睛看着他的弟弟。那个年纪小些的孩子看到哥哥的样子害怕起来，连忙哭着说："我们的篮子里还有个苹果，我拿给你吃，只要你能好起来，我可以把任何东西给你。"那个年纪大些的孩子一直在颤抖着，一会儿变得僵硬了，眼睛也越张越大，呆呆地瞪视着前方。

薛门看到这样的情况，赶紧跑过去把这两个孩子放到了骡背上，拎起了地上的篮子，牵上小羊，赶回了村里。

这位可怜的妈妈看到了自己的儿子约瑟夫，几个小时之前，他这个可爱的儿子还是健健康康、欢欢喜喜的带着弟弟出去玩了，可是一会儿的工夫，就变成了这样，看上去像是快要死了，她急得大哭，伤心地快要发疯了："上帝啊！天哪！

让我的儿子好起来，我愿意代替他去死，把我的儿子还给我，我的约瑟夫，我可怜的儿子……"她紧紧抱着已经奄奄一息的儿子，失望地哭叫着。

很快，热心的村民请来了医生，他查找一番后，发现了篮子里剩余的被这两个孩子误认为是樱桃的黑浆果，立刻知道了这次惨事的原因。"我的上帝！这是颠茄①，它是可以杀人的啊！"接着，他长长地叹了一口气："可惜，太晚了！"他忧心忡忡地开了一副药，却不敢保证这副药一定会管用，因为那孩子中毒已经很深了。果然，一个小时以后，那位可怜的妈妈正担忧地跪在床脚哭着祈祷，约瑟夫的小手就从所盖的被单下面落了下来，是的，约瑟夫死了，他那可怜的妈妈难过地晕了过去。

第二天，村民们把约瑟夫埋葬了，村民们都来参加了他的葬礼，艾密儿和喻儿参加葬礼回来以后仍然无法从悲痛的阴影中走出来，所以他们也没有想到去问一问保罗叔叔这次惨事的原因。

那件事情之后，小路易斯在家里玩游戏时，经常会停下不玩，难过地哭起来，连他最喜欢的小锡表都无法令他开心起来。人们告诉他，约瑟夫去很远的地方旅行了，在将来的某一天会回来的。他有的时候会追着妈妈问："妈妈，约瑟夫到底什么时候能回家呢？我一个人玩太没意思了。"他的妈妈抱着他亲吻，然后转过身撩起围裙的一角，擦去脸上的热泪，这个无知的小孩子还会抱着缠着妈妈追问："妈妈，为什么我一提到约瑟夫，你就会哭呢？你不再爱他了吗？"他的妈妈不知道该如何回答孩子的追问，她太悲痛了，抑制不住地抽咽起来。

①颠茄（Atropa Belladonna），原产自欧洲及亚细亚西部，也可译作"别剌敦那"，这是一种草本植物，多年生，叶子是卵形，花的形状像钟，果实是黑色的浆果。是有毒的植物。

五十七、毒草

约瑟夫的莫名其妙的死亡，造成了全村的恐慌。如果谁家的孩子跑到那片林子里玩，他们的父母在孩子们回到自己身边之前都会提心吊胆。他们总在想，孩子们会不会也遇到毒草，那可怕的毒草长着漂亮的花和诱人的浆果，并会引诱他们，从而毒害他们。面对这样的情况，很多人都提出了这样的观点：这样一天到晚地担惊受怕可不是办法，最好的办法就是要彻底防止这样的事发生，那么就要从认识这些危险的草开始，并且把这些知识告诉孩子们，让他们在外面玩的时候注意小心提防。他们知道"保罗先生"学识渊博，这是村里人都公认的，人们对他的博闻多见非常敬佩，他们向保罗先生请教识别毒草的方法。所以，星期日的晚上，很多人都来到了保罗叔叔的家里，保罗叔叔的家里一下子热闹了起来，这里包括两个侄儿和一个侄女，老杰克和老恩妈妈，还有薛门，就是那个骑着骡子从磨粉厂往家赶的路上遇到这两个可怜的孩子的人，还有磨粉工若望、长工安得里、种葡萄的菲列浦，还有安东因、马秀等人。保罗叔叔前天特意去了一趟乡下，在那里采集了很多草，这都是毒草，是他要给大家讲的内容，这些毒草有的还结着浆果，他把这些毒草都插在桌上的水壶里。

一切准备就绪后，他张口说："朋友们，世界上许多人都以为自己生活得非常安全，他们根本看不到危险，因为他们太懒惰，根本就没有学习如何识别危险。世界上还有另外很多人，他们知道什么是危险，并且能够时刻警惕着危险的到来，这些人这样认为：一个机警的人总比两个粗心的人要生活得更安全。大家都非常有幸，属于后面的那一类人，就这一点而言，我真为你们高兴。因为在我们周围，有无数的危险在伺隙窥视着我们，这时，我们要时刻利用我们的机警，更不要因为太懒惰而不对危险多加注意。现在，我们村里发生了这样一个可怕的事件，它使我们村上的一个家庭承受着永远难以抹去的悲痛。现在，大家都知道了知识的重要性，我们利用知识就可以避免危险的到来，避免接触到这些不知道什么时候

别剌敦那（颠茄）

就能杀死光许多生命的毒草。如果这类知识早就被人们所认识，那么那个可怜的孩子还会死去吗？"

保罗叔叔一向坚强，即使面对让孩子们都害怕的如雷打下来的时候，他的眉头都不会皱一皱，可这时他为了那个不幸遇难的孩子流下了眼泪，声音也变得颤抖了。那个把两个孩子抱回村里的薛门，回想整个过程时，比其他人更加悲痛，他那被太阳晒得颜色发紫的粗脸颊上滚下了泪珠，他连忙向下拉了拉他那宽阔的帽沿儿进行遮掩。几分钟的静默过后，保罗叔叔继续往下说道："这不幸的孩子是被'别剌敦那'草害死的，这种草体积很大，花朵是红色的，形状像一个钟，能结出圆形的紫黑色浆果，外表看上去和樱桃很像。叶子呈卵形，叶端很尖。草的本身有股难闻的臭味，外形看上去晦暗忧郁，就像在告诉人们它身上有毒汁似的。它的果实是最危险的，它们看上去很像樱桃，味道有点甜，会引诱孩子摘下来吃。中毒以后，人的眼瞳会越来越大，目光直视而呆滞，这就是中了'别剌敦那'毒的特征。"

保罗叔叔从水壶里拿出了一枝"别剌敦那"来，交给眼前的听众，让他们互相传递着仔细分辨认识这种毒草。

若望问："你刚才说这草叫什么名字？"

"'别剌敦那'草。"

"'别剌敦那'，哦，我认识这种草，我在磨厂附近的荫蔽处经常能看到它。可是我怎么也没有想到，它结出来的那种类似樱桃的果实会有这样的剧毒呢？"

安得里问："'别剌敦那'是什么意思呢？"

"这个词语是意大利语，是'美人'的意思。据说很久以前，女人们会把这种草的汁涂在脸上，保持皮肤的细嫩光滑。"

"我可不在乎那东西和我们的皮肤有什么关系，我只知道，它那外表美丽的浆果，会把我们的孩子引诱上勾，会让我们的孩子陷于危险中。"

安东因继续追问："如果我们的牧场里也有这种草，那会不会也给我们的家畜带来生命危险呢？"

　　"动物们很少会误食毒草，因为它们有避免吃这些毒草的方法，一方面，它们能闻到毒草上的臭气，还有就是因为动物的本能了。

　　"这里还有一种大叶子的草，属于'实芰答里斯①'类。它的花外面是红色的，里面有紫白相间的斑点，形状很像动物又长又粗胖的尾巴，生长在一长条大球丛中，它的躯干比人的个头还矮，所以它有很多专指它的这个特点的名称。"

　　若望说："如果我没看错，这种草就是'指顶花'对吗？在林子里有很多。"

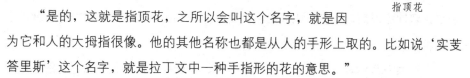

指顶花

　　"是的，这就是指顶花，之所以会叫这个名字，就是因为它和人的大拇指很像。他的其他名称也都是从人的手形上取的。比如说'实芰答里斯'这个名字，就是拉丁文中一种手指形的花的意思。"

　　薛门插进话来说："太悲哀了，漂亮的花儿都是有毒的，如果它们没有毒，把它们种在我们的花园里，该是多么漂亮啊！"

　　"是的，人们已经把它们栽培在花园里，把它们当成一种观赏花来供人欣赏。但是我们千万要小心，我们平时不可能有闲工夫来看守着这些有毒的花儿，如果把它们种在花园里，那么千万不要让孩子接近它们，这草浑身上下都是有毒的。它最大的特效，就是可以延缓心脏的跳动，直到最后停止，你们应该知道，心脏停止跳动后，人就会死了。

毒人参

　　"毒人参②更危险。它的叶子分叉分得非常精致，样子和山人参与荷兰芹的叶很像。就是因为它们很

　　①实芰答里斯 (Digitalis)，草本植物，原产自欧洲，越年生，茎高约一米，花非常大，形似狐尾，所以也叫"指顶花"、"狐尾草"，它的花是红紫色或白色，样子非常漂亮，欧洲人都把它栽培成观赏植物，它的叶子有剧毒，医生用来治疗心脏病的特效药。

　　②毒人参 (Hemlock)，原产自欧洲，它的学名是 Conium maculatum，越年生的草本植物，茎高约一米，花是白色的小伞形状。

像，所以会更容易使人产生错误。因为这种可怕的毒草是生长在篱笆里的，有时候也会出现在我们的花园里，它的身上有一种气味，可以使我们能把它与那相像的两种菜蔬区别分来，薛门，请你用手掌摩擦几下这棵草，再闻一闻它的味道。"

薛门闻了闻说："哦，太臭了，山人参与荷兰芹可没有这么可怕的臭味，我认为，人们闻到这股臭味后，就会受到警告，不会把它与其他两种菜蔬弄错了。"

"没错，如果你能把草闻一下的话，自然不会再弄错了，但是还有很多人并没有注意到草身上的臭味儿，还是会把它们当做山人参与荷兰芹来吃。今天晚上你们来听我讲，一定要记住这个警告啊！"

若望说："保罗先生，今天你真是帮了我们一个大忙，让我们学会如何分辨毒草。我回家以后，要把你刚才给我们讲的知识都告诉其他人，这样他们就不会把这种毒草误当成山人参与荷兰芹了。"

"一共有两种毒人参。一种是大毒人参，生长在低湿的荒地上，它的外形更像山人参，茎上有黑色或红色的斑点。还有一种是小毒人参，外形很像荷兰芹，生长在熟田、篱笆和花园里。这两种草的气味都非常难闻。

白星海芋

"这里有一种毒草非常容易辨认。这就是'白星海芋'（Arum），也叫'牛羊脚'，一般生长在篱垣附近。叶子像一个枪头那样，很宽。花的形状就像骡子的耳朵，又像是大黄喇叭，在喇叭底里，有一根肥胖的梗，像是用干酪做成的小指。这种花会结出一种豌豆那么大的红色浆果，全身有种极辣的味道。"

马秀插进话："保罗先生，我和你说一件我家小罗星以前遇到的事，有一天，他从学校放学回家，看到篱笆旁有一朵大花，样子像是骡子的耳朵，和你刚才描述的一样，花心里向外伸出肥胖的像是干酪做的小手指，他还以为是什么好吃的，这孩子什么都不懂，真的被它的外表迷惑了，他对着那个干酪指咬了一口，你们猜后来发生了什么事？不一会儿，他的舌头火辣辣的，就像含着一块红热的煤块。他回家的时候，我看到他一脸痛苦的表情使劲儿吐着唾沫，当然了，他以后再也不会去吃那个骗人的干酪指了，现在想想真是后怕，幸亏他没有把那东西吃到肚子里。"

"有一种大戟草^①，它的茎折断后会流出像奶汁一样
的白色汁水，这种白色的汁水和白星海芋的味道一样，也
是辛辣的。大戟草的样子很普通，几乎到处都有。它们会
长出很小的黄色花朵，这些花朵生在一个头上，从茎顶上
会散出相同的花枝。这些草很容易辨认，只要看它的白色
汁水就可以了，把它的茎折断时，它会流出很多的白色汁水。
这种白色汁水非常危险，连皮肤的接触都是有危险的。

乌头

"乌头^①和实芰答里斯的外观一样美丽，正因为如此，
虽然它的毒性强烈，可人们还是把它栽培到花园里来。乌
头生长在山上，它的花是蓝色或黄色的，形状看上去像头
盔似的，非常漂亮。它们的绿色叶子裂成放射状，乌头的毒性非常猛烈，所以被
人称为'狗毒'和'狼毒'。从历史故事中我们也听过，古时候人们把箭头和枪
头浸在乌头的汁里，战争时只要伤敌人一点小伤口就能要了他的性命。

"有的时候，我们的花园里会种一种叶子大而光泽的灌木，哪怕是寒冷的冬
季，它的叶子都不会落下来的，它还长着卵形的和橡树果
大小差不多的黑浆果，这种灌木就是毒月桂。它的叶、花、
浆果都有一股苦杏仁和桃仁的味道。有时候，毒月桂的叶
可以做乳酪和牛奶制品的香料，但是它的毒性非常强，用
它的时候，一定要非常小心。人们谈起它的时候，甚至说
只要在它的树荫下站一会儿，呼吸几口它的苦杏仁气味，
就会感到浑身不适。

泽漆

"秋天，我们可以在低湿的地方看到又大又漂亮的花，
它有着玫瑰色或丁香色的花朵，这种花没有茎和叶子，它

---

①大戟草（Euphorbia）的形状与泽漆（俗名"奶奶草"）几乎相同，但泽漆茎内的白汁没有毒，而大戟草茎内
的白汁辛辣猛烈。

②乌头（Aconite），又叫附子，在山野中生长，多年生的草本植物，茎高约一米，根在地下，多肉，样子很像
萝卜，只是比萝卜小一些。它的根和茎叶有剧毒。

是单独地从地中长出来的，叫做秋水仙，也叫草地红或火炉红，它在寒冷的冬季才开放，如果你把它挖出来时，再向下挖一些，就能看到它是从一个很大的球茎上长出来的，那个球茎上长着棕色的皮。秋水仙毒性猛烈，它的球茎毒性更猛，所以家里的牛羊家畜都不会碰它。

"今天，我们讲了很多有毒的植物。我不能再继续往下讲了，因为那样的话，反而会让你们更糊涂，朋友们，我希望你们下星期日再来我家，我再告诉你们关于毒菌的知识。"

　　昨天，保罗叔叔告诉大家毒草的相关知识时，他们听得非常认真。谁不喜欢听花的事情呢？喻儿和克莱尔对这些事情有着浓厚的兴趣，昨天保罗叔叔指示给他们看的花儿怎样长成的？花的里面有什么？能看到的是什么？它们对草能产生什么作用呢？保罗叔叔坐在花园里的大接骨木之下，给孩子们作了讲解。

　　"我们昨天讲过指顶花，就从它开始讲起。这儿有一棵指顶花，它的形状很像一根手指，或是一顶长的尖帽子。艾密儿轻轻松松地就能把它套在小指上，花的颜色是紫红色的。五瓣小叶子的圆圈中间长出红的手指。这些小叶子也是花的一部分。这五瓣小叶子连在一起就是花托。红色的部分是花冠。你们对它可能还不太了解，要记住它。"

　　喻儿又把保罗叔叔的话复述了一遍："花的有色部分就是花冠，花冠根盘上小叶子所成的圆圈就是花托。"

　　"很多花都是一里一外地裹起来的，和指顶花的情形很像，外部的花托几乎都是绿色的；里面的花冠颜色都很漂亮，让人看得身心愉悦。

　　"来看这些锦葵，花托是五片小绿叶组成的，花冠是五个紫红色的大瓣。每一瓣就是一个花瓣(Petal)。五个花瓣组合在一起就是花冠。"

花的构造

1.萼片；2.花瓣；3.雌蕊；4.雄蕊；
5.柱头；6.子房之一剖断面；7.花粉；
8.花丝；9.花粉之纵断面。

　　克莱尔说："指顶花的花冠只有一片花瓣，锦葵的花冠有五片花瓣。

　　"乍一看的确是这样的，可是再仔细看就能看出它们的花瓣是五瓣。你们知道吗？许多花的花瓣在芽里刚形成时，就是紧紧连接在一起的，最后形成了一个花冠，看上去就像是只有一瓣了。但很多

锦 葵

牵牛花

烟 草

相连的花瓣在花的边上都会裂开，从这个缺口的深浅就能看出它们有多少连接在一起了。

"再看这棵烟草花。它的花冠看上去很像一个圆桶形的漏斗，似乎它是由一瓣组成的。可是花边都有五段相同的部分，这就是花瓣们的尖端。烟草花瓣也是五个花瓣，这一点和锦葵相同。唯一的不同点就是这五片花瓣是连接在一起的，形成一种漏斗的样子，而不是独立存在的。

"有独立的花瓣的花冠，是多瓣花冠 (Poly-petalOHS corolla)。"

克莱尔说："锦葵这样的花冠就是这种多瓣花冠。"

喻儿补充道："我知道，梨花、杏花和草莓的花冠也是这种多瓣花冠。"

艾密儿说："喻儿没有说全，还有紫罗兰也是！"

保罗叔叔点点头说："几个花瓣都连在一起，这样的花冠就是单瓣花冠 (Monpetalous corolla)。"

喻儿说："指顶花和烟草花的花冠就是单瓣花冠。"

艾密儿说："别忘了还有牵牛花，它那美丽的白色喇叭花，是爬在篱笆上的。"

"在这样的花中，很容易就能把它们连在一起的五瓣分辨出来，这株花叫金鱼草。"

艾密儿问："它为什么叫金鱼草呢？"

"因为捏着它的两边时，它的口就会像金鱼一样张开。"

保罗叔叔说着，就用手指挤压着那花的口，那花口在手指的挤压下一张一闭，就像金鱼的嘴在咬一样。艾密儿被眼前看到的景象吓呆了。

"它的口里有上与下两个嘴唇，上嘴唇被一个深的缺口分成了两半，这是两个花瓣的记号，下嘴唇是被分成了三瓣，看上去就是三个花瓣。金鱼草的花冠看上去只有一瓣的，其实它是由五个花瓣连接在一起构成的。"

金鱼草

克莱尔说："那么，锦葵、梨花、扁桃花、指顶花、烟草花和金鱼草的花瓣都有五个，它们的不同在于：锦葵、梨花和扁桃花的五个花瓣是分开的，而指顶花、金鱼草和烟草花的五个花瓣是连接在一起的。"

保罗叔叔接着往下讲："五个花瓣相连的或独立的，具有这两种花瓣的花各有很多。

"我们再说花托。那些小绿叶组成了花托，称为萼片 (Sepal)。我们刚才看过的很多花的萼片都是五片，比如说锦葵，它的萼片就是五片，还有烟草花、指顶花、金鱼草等的都是五片。萼片和花瓣的情况相似，有的时候，是独立的，有的时候，它们又是相连的，但通常都会留下缺口，从这个缺口中就能看出它们的数目有几片。

"有独立的萼片的花托，叫做分萼花托 (Polysepalous Calyx)。例如指顶花和金鱼草的花托，它们的萼片就是分萼花托。

"萼片相连在一起的花托，叫做一萼花托 (Monosepalous Calyx)。例如烟草花，它的花托就是一萼花托，它的边上有五个缺口，由此可以看出，它的五个萼片是连在一起的。"

克莱尔说："总会遇到五的数目。"

"孩子，花是非常美丽的事物，发生在它身上的规则，都是大自然按着数目和尺度排成的。五是最普通的排法之一，就像我们今天早上看过的那些花中，它们的花瓣和花托都是五个的。

"还有一些花瓣与花托，是三瓣的。这样的现象多出现在球茎类的花中，例如郁金香、百合、野百合等。这些花没有绿色的花托，它们只有一个有六片花瓣的花冠，三片在里面，三片在外面。

"花托和花冠是花的外衣，它有两个重要的作用，一方面可以防护气候损害，作为花的的坚固屏障，另一方面就是起到了美观的作用。外衣的花托形式非常简单，颜色绝不艳丽，比较温和，构造很坚固，可以抵抗不良的天气。它能为尚未开放的花朵遮挡烈日，避去热和潮湿。仔细观察一朵玫瑰花或锦葵花的花苞，它们花托上的五片萼片，一片紧压着一片，非常紧密，甚至连一点水滴也无法从两片萼片中间的缝隙里渗进去，还有一种花儿的花托，为了抵挡寒风的侵袭，每天晚上都会闭起来。

"花的花冠非常漂亮，而且构造精密。它们对花儿的意义，就像结婚礼服对于我们的意义一样。非常惹人怜爱，所以总认为它们是花最主要的部分，其实它只是一个简单装饰的附属物而已。

"相比之下，花托的作用更大，很多花懂得如何分配花冠这个最惹人眼球的部分，但它们却要费尽心机地留下花托，把花托弄成像座盘一样的小小的叶，这是它最简单的形式。没有花冠的花很难辨认，所以有些有花的植物，在我们的眼中却是没有花的，这个认识是错的，因为所有树木和草木都是有花的。"

喻儿问："真的吗？那么杨柳、橡树、白杨、松树，还有一些别的草木呢？它们也是有花的吗？为什么我没有见过它们的花儿呢？"

"杨柳、橡树和一切其他的树木，都是有花的。它们的花儿很多很多，但因为它们都很小而无花冠，没有引起我们的注意。这是没有例外的：一切植物都有它们的花。"

"我们看一个人的时候，首先会看到他身上穿的衣服，我们看花的时候也一样，当它戴上了花冠，披上了花托时，才能更清楚地分辨出它们。那么，这个花瓣下面的是什么呢？

"我们先来看看香紫兰花。它有四片萼片的花托，还有四片黄花瓣的花冠。我拿掉这八片东西。现在只剩下这朵花最基本的部分了，你们看，把这些东西拿掉以后，花儿的作用也失去了，我们再仔细观察它的剩余部分，不过这要费一点力气了。

"第一，这里有六根小白梗，每一根梗的顶端都有一个小袋子，里面装满了黄色粉末。这是雄蕊。它在各种花中都存在，只是数量多少的不同，香紫兰花有四根长的，两根短的。

"雄蕊顶上的香袋子，是花粉袋。花粉袋里的粉末是花粉。在紫罗兰花、百合花和其他的植物花中，花粉几乎都是黄色的，罂粟花的花粉比较特别，是灰色的。"

喻儿插进话来说："你以前和我们说过，有的地方曾经刮过花粉云，还被人们误认为是硫黄雨。"

"我拔去这六根雄蕊，让它只有一个中心身体，底里凸起来，顶端很窄，尖端有一个黏湿的头。它的中心身体是雌蕊：底里凸起的东西是子房，尖端黏湿的头是柱头。"

喻儿说："一朵小花那么小，可它身上的名字可真多啊！"

"没错，它们虽然很小，却非常重要，它们是我们的好朋友，给了我们日常的面包，如果没有它们，我们早就都饿死了。"

"那我要用心把它们的名称记住。"

艾密儿说："我也要把它们记住，叔叔，你再把它们的名字重复一遍好吗？因为这些名字实在太难记了。"

保罗叔叔又把这些名称重说了一遍，喻儿和艾密儿跟着叔叔念着它们的名字：雄蕊，花粉袋，花粉，雌蕊，柱头，子房。

"我用刀把这朵香紫兰花剖成两半。这个被剖开的子房中有什么呢？"

喻儿仔细地观察了一会儿后说："叔叔，我看到这两半的花里，有整排的小粒。"

"你们知道那些小得几乎无法看清的小粒是什么吗？"

"不知道。"

"它们是这植物未来的种子，所以说，子房是植物制造种子的部位。花儿萎谢了，花瓣和花托衰落了，干的雌蕊裂得不成样子了，这时，子房会渐渐成熟，结果。

栗 子

"比如说梨、苹果、杏子、桃子、胡桃、樱桃、草莓、扁桃、栗子等果子以及瓜类，它们最初都是一个小小的凸起的雄蕊，这些植物提供给我们做食品的精巧的东西，最初都是子房。"

"一个梨子最初也是从一朵梨花的子房开始的吗？"

保罗叔叔随手摘下一朵杏花，用刀子剖开花的子房，一边说一边指示给孩子们看："当然，梨子、苹果、樱桃、杏子，它们都是开始于各自的子房。

"你们看它的花心，能看到雌蕊被很多雄蕊包围着。它的顶上的头是柱头，底下丰满的东西是子房，以后它就会长成杏子。"

艾密儿问："我很爱吃杏子，它的汁水很甜，那个小东西以后会长成杏子吗？"

"是啊，子房里那个细小的绿东西，会长成艾密儿爱吃的杏子的。现在你们想不想看看，我们平时吃的面包的子房是什么样子的？"

喻儿欢快地回答："当然想看了，这些东西真的太稀奇了。"

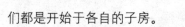

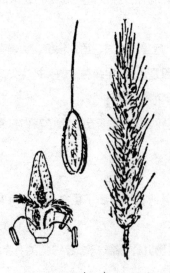

大 麦

　　"它不光稀奇，而且对人类的生活还非常重要。"

　　保罗叔叔让克莱尔帮他拿来一根针，细心地从麦穗的麦花中挑出了一朵，用针尖把那朵精致的小花挑开，就能看清花的内部结构了。

　　"这种草给了我们面包，让我们不至于饥饿，它肩负着这样伟大的使命，根本没有多余的心思去装饰自己的外表，你们看它的衣服多么朴素，它的花托和花冠只有两枚可怜的鳞片，那三根撑着的雄蕊很容易就能看出来，它们的头上有双重香袋，里面装着花粉，里面那个子房是这朵花儿的主要部分，它的子房成熟的时候，这就是一粒麦子。子房下还有一个像精致的羽毛一样的柱头，孩子们，不要小看这朵卑微的小花，人类的生存都是它们供养着的，所以我们要尊敬它。"

THE STORY OF
NATURE

六十、花粉

短短几天甚至几个小时的时间，花儿就萎谢了。雌蕊、雄蕊、花托等都会一起枯萎而死。只有它的子房个还残存着，它以后要变成果子的。

"子房为了使自己的寿命比花朵的寿命更长，等到花朵的其他部分都死去后还能留在茎上，所以，花朵开到最旺盛时，会尽量储存能量，储存的能量几乎等于一个新的生命需要的能量，花冠的雄姿和它华丽的色彩，与生俱来的香气，都是为了把新的生命力输送入子房。这项伟大的使命一完成，花儿的生命也就结束了。

"原来那雄蕊上的黄色的花粉是为了增加子房能量的供给，没有了这东西，子房中正在生长的种子就会夭折。花粉从雄蕊落到雌蕊，雌蕊上有一种黏汁，可以粘住雄蕊的花粉，花粉在雌蕊的身上发挥了它神奇的作用，直接影响到了子房。有了新生命的鼓励，子房中生长着的种子会很快地发育起来，子房也会越长越大，

这就为种子的生长提供了足够的场所。这个不可思议的过程就是为了结果，里面是种子，它们正等待着重新抽芽长成新植物。再详细的事情你们就不要再问了，这么神奇的事情就算是最锐利的观察者，也无法看清，例如一只有一粒花粉如何产生以前没有的东西，并使子房感受到生命元素的活动等问题，我想，只有缔造万物的大自然自己才知道了。

"你们知道吗？关于花粉跌落在雌蕊上，给了子房必不可少的生命营养的细节我们是如何知道的？

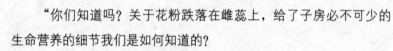

"大部分花的雌蕊和雄蕊都在同一朵花里，我们刚才见到的花都是这一类的，但有几种特别的植物，有的只有雄蕊，有的只有雌蕊。有时候，雌雄蕊不长在同一株植物上。有时候，只有雄蕊的花和只有雌蕊的花儿会长在同一株植物上。

"我不怕你们记混了，孩子们，你们记住，只有雄蕊的花和只

花粉粒

有雌蕊的花长在同一株植物上的，是雌雄同株植物。也就是说两者'只有雄蕊的花和只有雌蕊的花，同住在一家'的意思。雌雄同株植物有南瓜、黄金瓜、西瓜等。

"雄蕊的花和雌蕊的花不在同一株植物上的，叫做雌雄异株植物，也就是说，子房和花粉住在两个房屋里的植物，雌雄异株植物有皂荚树、枣树和大麻等。

"皂荚树生在南方。它的果实外形像豌豆一样，是荚形的，颜色呈褐色，长而宽厚。这果实不光是种子，

皂荚树的花枝

还是一种带着甜味的果肉。如果气候适宜，我们想在花园里种一些皂荚子，应该种哪一种的皂荚树更好呢？种有雌蕊的树，因为它有子房，以后会结出皂荚的。但只种它还远远不够，虽然它每年都能开出茂盛的花，但结不出皂荚，它的花全部都会萎谢掉，一点都不会留在子房上。它缺少的是花粉的作用。如果我们在只有雌蕊花的皂荚树旁紧挨着种一株有雄蕊花的皂荚树，那样的话，我们就能称心如意了，风儿和虫儿会从雄蕊中把花粉带到雌蕊里去。瘦弱的雌蕊得到了花粉就会变得活跃，皂荚就能及时长成了，如果有花粉就可以结果，如果没有花粉就不可能结果，你相信吗？喻儿？"

"叔叔，我当然相信，遗憾的是，我根本就不认识皂荚树。我很希望能认识我们花园里的一株植物。"

"那好，我来给你们讲一种植物，这能使你们更快地理解我刚才讲的知识，但在这之前，我要先举一个例子。"

"枣树也是雌雄异株的，这一点和皂荚树是一样的，阿拉伯人种了枣树，收取了它的果实，就是枣子，把枣子当作是主要食物。"

喻儿说："枣子的形状有点长，味道甜美，还可以把它晒干了放在盒子里。上次赶集的时候，我们看到一个土耳其人正在集市上卖枣子。他的枣子是长的，两端之间都裂开了。"

"对，就是它，人们种枣树的地方，通常是在被晒干的沙漠地，很少有水和沃土。有水和沃土的地方是沙漠中的'水草地'。他们会把这种水草地尽量利用，所以阿拉伯人种枣树时只种有雌蕊花的枣树，只有这种树会结枣子。它们开花时，

枣椰子

阿拉伯人就会到远处寻找有雄蕊花的野枣树，收集雄蕊里的花粉，把它们散在他们自己种植的枣树上。如果不这样做，他们不可能有收获的。"

艾密儿插话说："保罗叔叔说得太好了，以后我也要小心保护好花粉和子房。因为如果没有了它们，我就吃不到那个土耳其人的枣子了，如果没有它们，我也再也吃不到杏子和樱桃了。"

"花园里的一根长条南瓜藤就快开花了，我以它为例，给你们做个实验。

"南瓜的雄蕊的花和雌蕊的花住在一家，是雌雄同株植物。它们开花前，很容易就能分辨出它们的雌雄。有雌蕊的花，花冠下面有个膨胀隆起和胡桃大小相像的东西，它就是子房，将来会长出南瓜。只有雄蕊的花没有这个子房。

"在它们开花前，摘去雄蕊的花儿，把雌蕊的花留下。如果想更稳妥些，可以在开花前用细纱把每一朵雌蕊的花都包起来，包的纱要很大，这样才能给花朵留出开放的空间。你们知道这样做的结果吗？由于雄蕊的花都被摘光了，那么雌蕊花就无法受粉了，而且还用纱包把它包裹起来，这样的话，虫儿也没办法从邻近的花园里给它带来花粉，这样的话，有雌蕊的花开放过后，就会枯萎，这条藤上就不会结出南瓜了。

"你们想不想看看相反的结果是什么样的？你们可以按照自己的喜好找一朵花，在给它套上纱罩前先不摘光雄蕊花，这样可以结出南瓜吗？你只要用手指从雄蕊花中取一点花粉，把它放在雌蕊花的柱头上，再用纱布把它包起来。这样的话，就可以结出南瓜了。"

喻儿问："你真的允许我们做这个有趣的实验吗？"

"当然允许了，我把这南瓜藤送给你们。"

克莱尔赶紧说："我有几块纱布。"

艾密儿也争着说："我这里有线，用线把纱布缚起来。"

喻儿叫着："大家快来看！"

于是，这三个可爱的孩子像小鸟一样开心地跑到花园里准备做实验了。

孩子们把带着花粉的雄花摘掉，用纱布包上有子房的雌花。每天早晨，他们都会兴致勃勃地跑来看看进展。他们取出被摘掉的雄花中的花粉，把它们散在四五朵雌蕊的花里。事情的结果和保罗叔叔预料的一样，柱头上受到花粉的子房，能长出南瓜，没受到花粉的都干瘪得没精打采的。保罗叔叔让孩子们做这个实验，一方面是为了对知识的严肃研究，另一方面也是为了娱乐。这天，保罗叔叔又继续讲起了花的故事。

"花粉到达柱头的方法有很多种，有时候雄蕊比较长，向下坠的时候会落在较短的雌蕊上。有时候植物的花被震摇，摇动着雄蕊，使它身上的粉末掉落在柱头上，也有可能会被风带到很远的地方，滋养别的子房。

"很多花的雌雄蕊，刚生长完成，它们的使命就已经结束了。它们不断向下弯，把自己的花粉袋弯到柱头上，把花粉放下，再升起来，它们就像是围绕在国王陛下周围的一群臣子，向国王献出自己的供奉。朝贡完之后，雄蕊的使命就结束了，花谢了，子房就开始精心培育它的种子和果实了。

"苦草生在水底，这种草在中国江南一带的淡水河中很常见，它的叶子像绿丝带。这草的雄蕊的花和雌蕊的花分别长在两株植物上，所以说，它是雌雄异株的植物。雌蕊花开在很长的且圈成螺线形的茎上。可是雄蕊的花儿茎非常短，在水下时，流水会把花粉带走，使它无法粘在柱头上，雄蕊就无法发挥自己让雌蕊受粉的作用了。所以苦草的根生在泥土里，它们的花却在水面上开放，这样的事对于雌蕊花非常简单，它只要把它那根螺形的茎放直，就能顺利升到水面上来了。但雄蕊花的茎那么短，紧紧贴在水下面，它应该怎么做呢？"

喻儿歪着脑袋想了半天，说："我想不出来。"

"它们没有借助外来的帮助，完全凭借着自己的力量。开花时雄蕊由细长

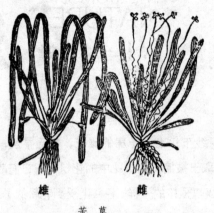

雄　　　雌

苦草

的花柄送出水面，就能遇到雌蕊的花。接着，它们打开自己的小花冠，让风儿把花粉带走，或是让小虫儿带走，放在柱头上。然后它们就死亡了，被流水冲走了。受粉后得到了新生命的雌蕊花，再次卷起来，沉到水下去，精心培育着它们的子房。"

"叔叔，这太神奇了！那些小花只是植物，怎么会知道自己应该做什么事呢？"

"它们不知道自己应该做什么，它们做事只是本能地按照大自然的法则做的，自然而然地做着很不可思议的事情，还知道应该怎样在一株小草上成就奇迹。还有一个实例，你们想听吗？它说明所有的东西都是有着它们的生存智慧的，先来说一说金鱼草吧。

"昆虫是花儿的好帮手。苍蝇、胡蜂、蜜蜂、土蜂、甲虫、蝴蝶都争着抢着帮助雄蕊把它的花粉，运到柱头上去。因为花冠底下有蜜汁，这些馋嘴的小动物都被这些蜜汁所诱惑，进入了花朵里面。它们用力吸取时会不经意地摇动雄蕊，蹭得满身都是花粉，然后它们又从这朵花飞到那朵花上去，于是它们身上的花粉也被它们带到别的花上去了。你们应该都见过，土蜂从花心里出来时，身上粘满了花粉。它们把这些花粉输送给花儿时，只要触一触柱头就可以了。春天的时候，在一株盛开着梨花的梨树上，经常能看到成群的飞虫、蜜蜂或蝴蝶，都在嗡嗡扑扑地环绕在花朵的周围。这里，一个是爬到花心深处的昆虫，一个是梨树自己，这些快乐的小动物们给了它的子房新的生命，它们还把这些便利带给了人类，昆虫是最好的花粉传布者，它每天都在一朵又一朵的花上飞来飞去，身上携带着这些生命粉，给四处的鲜花带去生命。"

艾密儿问："你说把南瓜花用纱袋罩上，就是为了预防这些小家伙们把花粉带过来是吗？"

"是的，我的孩子。如果不这样预防，南瓜的实验一定会失败的。因为昆虫

都从很远的地方飞来，它们从别
的南瓜上采来花粉，又把这些花
粉散在我们的花上。而且只需小
小几粒花粉就能带给一个子房新
的生命。

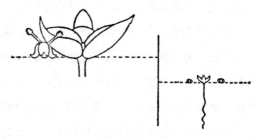

借水力传布花粉受精的苦草
　雌花　　　　雄花

　　"为了吸引昆虫前来，每一
朵花儿的花冠底下，都有甜汁，
这就是花蜜。蜜蜂就是用这种汁
制造蜂蜜的。蝴蝶要从花的那个漏斗形状的花冠里得到甜汁，它们的嘴很长，平
时是卷着的，当它们需要用它吸取精美的饮料时，才会伸展开来，像是一枝锥子
那样扎进了花堆里到花朵深处去。昆虫们完全看不出这个蜜汁，可它们却知道哪
里有蜜汁，然后就会毫不犹豫地去寻找它，直到找到为止。但现在有几种花存在
着很大的困难，那花朵的各部分紧紧闭合着，应该怎样进去找到蜜汁呢？这些花
儿虽然紧闭着，却标明了指路牌，清楚地写道：由此进。"

　　克莱尔说："这不可能，我才不会相信这个。"

　　"孩子们，我只是在指示给你们看啊，比如这株金鱼草的花，它是紧闭着的，
两片嘴唇紧紧抿着，根本没有进去的入口。它是紫红色的，下唇中间有一大块亮
黄色的明显斑点。这就是我刚才告诉你们的指路牌。它用这些颜色让别人知道：
这里就是钥匙孔。

　　"用你们的小指压着这个斑点。快看，花紧闭的入口立刻就打开了，这就
是秘密锁。你们不要认为土蜂们不知道这回事，你们盯着它看一会儿，就知道
它是如何读出这花的记号来的了。当它要进入金鱼草花中时，根本不会到处乱撞，
直接就停在那个黄色的小斑点上。花打开了，它就进去了。它在花冠里面吸着
甜汁，不知不觉浑身上下都涂满了花粉，它又来到柱头上时，就把这些花粉抹
在柱头上了。

　　"所有紧闭着的花儿都和金鱼草一样，有一个明显的钥匙孔，这是为昆虫进
入花冠引路呢，就像对它们说：由此进。昆虫们的职责是在花儿中间穿梭，把身
上沾到的雄蕊上的花粉蹭到柱头上，它们顶开花的入口有着自己的特殊方法，它

们会在这个斑点上面用力，花儿的门就打开了。

"我再重复一下刚才说的重要的部分。花儿需要昆虫来帮助它们把花粉带到柱头上去。为了这个原因，它还特意为这些馋嘴的小家伙们酿造了一滴蜜汁，把昆虫们引诱到花冠里去，还给了它们一个明显的标志，给它们指路，只要我们不太蠢，都能找到花的入口。孩子们，你们可能曾经听人这样说：这个世界是个偶然，没有任何智慧控制着它，更没有大自然对它进行着指引。面对持有这种观点的人们，我的孩子们，你们可以让他们看看金鱼草，如果它们的眼睛还不如粗陋的土蜂的眼睛锐利，那么只能说明它的大脑真的不健全。"

保罗叔叔讲述昆虫和花儿的故事时，时间过得快极了，一转眼又到了星期日。这天保罗叔叔要讲关于菌的话题了，聚来的人更多了，第一次保罗叔叔讲的毒草的故事已经传遍了全村。有几个人仍旧那样的无知和愚蠢，说道："这有什么用？"另一个人回答："有什么用？我们认识了毒草，就不会像可怜的约瑟夫那样误食毒草而无辜惨死了。"但那些无知的人们，仍然没有把别人善意的话当一回事，大模大样地走了，他们自己觉得自己知道的足够了，没必要再学习。所以，来到保罗叔叔这里的人都是些自愿要听的人。

保罗叔叔开始说了："朋友们，在所有的毒草中，菌是最可怕的，可是其中有几种却可以用来做一顿鲜美的大餐，即使是最谨慎的人，也很容易上当。"

薛门说："是的，一碟菌的确非常美味，是其他任何东西都比不上的。"

"没人责怪你的馋嘴，我刚才说了，菌可以使最谨慎的人上当。我当然希望大家能安全地吃上这么美味的东西，我知道，它还是法国的一项重要收入，我只是想告诉你们，在采这类菌时，如何防止错采其他有毒的菌。"

马秀问："你是要告诉我们如何分辨出好的和坏的吗？不，我们不可能知道如何分辨，我们只敢安心地吃树下的一种菌。"

"我在回答这个问题之前，想先问大家一个问题：你们相信我说的话吗？你们想过吗？有的人用了毕生精力研究这种东西，他们的经验和结论比世人的传闻更可靠。"

薛门开口了，他代表着大家的意见："保罗先生，请讲吧，我们大家都相信你说的话。"

"好，我非常肯定地告诉你们，我们不是专家，要想把可食的菌和有毒的菌分辨出来，是不可能的，因为没有人能给出一个明确的标准：哪种能吃，哪种不能吃。不是看土地的性质，不是看它所生长的树，也不是它的形式、色彩、滋味、香气等，那么到底是什么能让我们分辨出它是有毒的或无毒的呢？我承认，一个研究菌多年，

注意力像科学家一样精细的人，才能肯定，把有毒的菌与无毒的菌分辨出来，就像人们对别的毒草的认识程度一样。但我们能胜任这样的研究吗？我们有那么多时间放在这项研究上吗？我们知道的毒草非常少，那么怎么能分辨种类繁多，外形近似的菌呢？

"我要说的是，在每个地方都有种分辨菌类的方法，这种方法很久已经就被人们广泛使用，我们可以了解最为人熟识的一种方法，但即使用这种方法，也无法使我们免除一切危险，这仍然是非常容易弄错的，你们来到另一个地方，遇到另一种菌，这种菌正好和你知道是可以食用的菌相似，你就很危险了。我信任的辨认方法就是：一定要万分谨慎地注意所有的菌。"

薛门说："保罗先生，我同意你的说法，我们不可能只看一眼就能分辨出食用菌和有毒菌，但我们有确定它是否有毒的方法。"

"那是什么样的方法，请告诉我们好吗？"

"秋天时，我们把菌切成小块，放在太阳下晒，可以用它们做好过冬的好菜，如果是有毒的菌，那么它没有干之前就会烂掉，到时候，再把无毒的菌收藏起来就可以放心食用了。"

"这个方法是不准确的。菌类有好坏之分，这主要是依据它生长的情形而定，可收藏与腐烂也是因为它们对干燥的不同反应。用这样的方法给它们定性，是不准确的。"

安东因这时插进话来说："虫子都会蛀可以食用的菌，却从来不敢攻击有毒的菌，因为有毒的菌会把它们毒死的。"

"用这个方法来分辨它们是否有毒，并不比前一个方法高明。小虫儿们攻击菌的时候，可都是一视同仁的，不管它们是好是坏，都会把它们吃进肚子里，那些毒菌对我们会致命，可对于它们来说，却是没有害处的。它们的肚子吃进有毒的东西也不会死的，比如说有一种昆虫专门吃乌头、实芰答里斯、颠茄，那些我们吃一口就会死亡的东西，它们吃了以后却能安然无恙。"

若望插进话来说："有人说，烹菌的时候，可以放进去一把银匙，如果菌有毒，那么这个银匙就会变成黑色，如果它是没有毒的，就不会改变颜色。"

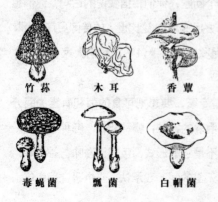

竹荪　　木耳　　香蕈

毒蝇菌　　瓢菌　　白帽菌

"这样的做法太傻了，这样做的人也一定是个傻子，不管是有毒的菌还是无毒的菌，都不能使银子的颜色有所改变。"

薛门说："那就是说，是没有办法分辨的了？我们只好把它们丢掉了，这么美味的东西，我真的很舍不得。"

松 蕈

"当然不是，正相反，我可以教你们一个好办法，但你们实际操作的时候要特别地小心谨慎。

"有毒的菌，并不是它的肉有毒，而是它全身浸润的汁有毒。只要去掉它的汁，它的毒性马上就没有了，你们只要把干的或鲜的菌切成小块，放入一些盐，把它们放到沸水里煮。再盛出来过滤，再用冷水洗几次就可以了。只要按我说的方法做完这几步程序，那么不管是什么样的菌类，都可以随便煮食了。

"如果没有把有毒的菌放到盐水里煮，就直接拿过来吃，那么就等于吃了它的毒汁了，立刻就会有生命危险。

"用盐水煮菌，是为了解它身上的菌毒，这个方法非常有效，有人为了一探究竟，就用我刚才说的方法接连吃了几个月最毒的菌。"

薛门问："那他们后来怎么样了？"

"什么事也没有啊，这是真的，他们用来做实验的都是以前精心挑选的毒菌。

"这个方法非常有科学道理。也就是说，人们可以食用所有的菌类，根本不需要对它们进行分辨了？

"一般来说，是这样的。但也有危险的地方，比如说煮烧得不透，这样的结果是非常可怕的。我只是让你们把附近一些常见的菌类采来在沸水里煮一遍。就算有的菌是有毒的，它的毒经过这样一番去毒程序以后，也会被消去了，人吃了以后就不会有问题。我至少可以担保这个。"

"保罗先生，你刚才教我们的方法太好了，我们也不敢肯定平时所采集的食用菌就一定是没有毒的。"

大家满意地离开了。临走前，薛门找到了老恩妈妈，和她详细地谈起了烹饪的方法。

他非常爱吃菌，真是一个可爱的人。

六十三、森林里的故事

菌的故事引出了一条烹饪的注意事项，它能让我们避免遇到严重的危险，薛门、马秀、若望和其他很多人都没有时间来听这些知识，可艾密儿、喻儿和克莱尔很想知道更多关于这个奇怪的植物的事。所以，保罗叔叔这天带他们到村子附近的一个榉树林里去了。

几百岁的老树，它们的丫枝在很高的地方纠缠在一起，形成一个用枝叶搭建的拱门，太阳光透过拱门照射下来。生着白色树皮的光滑树干，就像巨大的柱子一样支撑着一座神秘的大厦。乌鸦们在树顶上一边叫一边理顺自己的羽毛。红头的绿啄木鸟会跑来用嘴啄着虫蛀的树，把虫子从树干里逼出来，一会儿便惊叫一声飞走了。地上铺着苔藓，苔藓中到处都是滚圆、光滑、白色的菌，对此，喻儿没有感到惊奇，他认为那些白菌是鸡蛋，是母鸡游荡到这里时，下在苔洞里的。有的菌红得光泽很好，有的菌是鲜明的鹿皮色，有的是亮黄色。还有几个菌是刚从地下生出来，现在，它还包裹在袋子里，生长的时候就能把它涨破了，有几种菌已经开放和像撑开的伞了。还有的菌都萎落了。无数的小蛆聚在那些腐臭的菌中，它们以后会变成昆虫的。他们采集了主要的几种菌后便坐在了一棵山毛榉下面的苔毡上。保罗叔叔说：

"菌是在地下生长的花，学者们把它叫做'菌丝'。它像一个大蛛网，由白色、细微、脆弱的线组成。如果拔起一个菌，就能看到它沾满泥土的柄根上，有许多白色的线条。我们可以想象一下，把一株玫瑰树种在地下，只把花朵露出来。那么地下的菌丝就好比是种在地下的玫瑰树，而菌丝的花就好比是露在地面上的玫瑰花。"

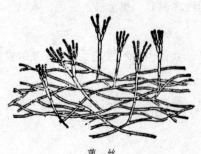

菌 丝

喻儿摇着头，他心里觉得不是这样的："玫瑰树有茂盛的绿叶的树枝，可是菌却没有这些东西，它只有一些像脉一样叉开在地上的发霉的白毛。"

"那些白色的脉分布非常精致，人们在碰触它们的时候，要使它们不会断裂，真是件太困难的事了。它们是地下的植物，没有叶和根。它们一点点地在地下伸展，离根部越来越远，等到了适宜的时候，那些白色的脉就会出现小的胖胀的瘤，接着就会成为菌，从地面钻出来，在地面上长出一顶帽子。我们从它的这个构造知道了，菌类是群生的。菌丝生出的菌，都来自同一株植物。"

克莱尔说："我看到很多群菌，它们形成了一个圆圈的样子。"

"如果土地的性质相同，没有任何阻碍它向四面分布的力量，那么菌丝就会相等地向四面八方发展，这样就会产生一个菌的圆圈，乡下人不懂这些，总把这个叫做妖怪圈。"

喻儿问："什么妖怪圈？"

"那些人太无知，太迷信了。他们以为这是妖怪的魔法把这些菌排成了奇异的圆圈，其实这只是向各个方向平均发展的自然结果。"

艾密儿问："也就是说，世界上根本就没有妖怪？"

"当然没有了，孩子。世界上有的人利用了人们轻信的弱点，有的人则是别人说什么，他就相信什么，其实这世界上根本就没有什么超自然的力量。"

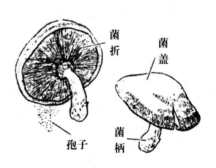

喻儿问："既然菌是地下植物，也就是那些菌丝的花，那么它应该也有雄蕊、雌蕊和子房吧？"

"菌本身就是一种植物的花，可它的构造很特别，和普通的花有所不同，它的构造非常复杂稀奇，关于这些知识，我不再继续讲了，因为如果我讲得太多，你们就更不容易记住了。

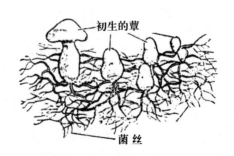

"你们知道，一朵花最重要的使命就是生子。菌也一样，它也是要生子的，只是非常小而已，它和别的花籽不同，所以有一个特别的名称——"孢子"。孢子是菌的子，就像橡实是橡树的子意思一样。那个东西我可以再详细讲解一下。

"我们最熟识的菌，上面有一个圆盖子，下面有一根柄。这个圆盖子就是菌的帽子。它的帽子下面的样子各有不同，主要有这几种样子：有的它是从中心放射出许多线条一直延伸到边缘，有的有数不清的小孔，这些小孔就像是从一个地方聚来的很多细管的小口一样，有的上面还有很多像猫的舌头上那样的很细的针尖。

"帽子下面是放射线状物的菌，是平菌；有很多小孔的菌，是多孔菌；上面有很多小尖刺的是茅菌。我们平时见到的最普通的菌类就是平菌和多孔菌了。"

保罗叔叔说到这儿，取出他们刚才采集到的很多菌，分别把平菌的线状物、多孔菌的小孔和茅菌的尖刺展示给孩子们看。

六十四、橘红菌

"菌的子，也叫孢子，是从这些放射状线形物的尖刺上和细管的壁上生成的，上面的小孔是细管口。我要告诉喻儿一个实验，希望你能尝试着做一做。今天晚上，找一些帽子没开足的菌，把它们放在白纸上，一夜的时间，就能开谢，从平菌的皱襞和多孔菌的细管里掉落下熟了的子，明天早上，我们就能在纸上看到一些细小的粉末，按菌的品种不同可以分为红、玫瑰红、褐色等。

显微镜

"这些粉末是一堆菌的子，就是孢子，它们很细微，只有在显微镜下才能勉强分辨出来，数目非常多，至少有千百万个子。"

艾密儿插话说："显微镜？是那种用来看我们的眼睛看不到的细小东西吗？"

"你说得对，孩子，在显微镜下观察事物，就可以看到它们的详细构造状态，这些我们平时用肉眼是绝对看不到的。"

喻儿问："叔叔，我把菌的孢子聚在纸上后，你能不能让我们看看它在显微镜下的样子？"

"当然可以了，在适当的热度与湿度的条件下，一个孢子就能够抽芽发育生出白线，也可以称为菌丝，然后再生出无数的菌来。如果从一个平菌的皱襞上堕下来的千万个孢子都会抽芽生菌，那么能生出多少菌呢？提到这个问题时，让我们不禁想起以前讲过的鳘鱼、木虱和许多微弱动物繁衍生殖的故事，是的，它们可以生出无数的同类，甚至可以在很短的时间内覆盖地球。"

孢子

喻儿问："那么我们需要的菌都是由孢子来种的吗？"

"孩子，别那么想，那是错的。到现在为止，由于菌的孢子太小，采集它们太难了，所以菌的种植还不可能，也可能是我的见识有限。到目前为止，只有一种可食的菌能够种，我们种这种菌用的是它的菌丝，而不是它的孢子。

"这种菌就是'温床菌'。它表面洁白，里面是淡红色，是一种平菌。曾经有人在巴黎附近的老石坑里，用马粪做了菌的温床。人们把菌卵的菌丝，放在温床中。这种卵就会叉开，生出无数线条，再从这无数条丝中生出菌来。"

"味道鲜美吗？"

"当然了，味道非常好。我希望你们对平时所采集的很多菌都非常熟识。

"先看一个平菌。它的上面是橘红色的，背面是黄色的皱襞线。菌柄是从一端裂破的白袋底下生出来的。这个袋叫做外皮，起初，它会把整个菌都包在里面。当它成长后，钻出地面时，就会被菌帽顶破裂了。这种菌是菌中最珍贵的菌，叫做橘红菌。

"另有一种平菌，也是橘红色的，柄上也有一个袋子或外皮，是叫做假橘红菌（毒红菌）。你们不会认为它们是一类吧？"

克莱尔回答："我没看出它们有什么区别。"

艾密儿说："我也看不出。"

喻儿说"我看出来了，它很小，第二个平菌的皱纹颜色发白，第一个的颜色则发黄。"

保罗叔叔赞许地说："喻儿的眼力真不错。我再补充一点，假橘红菌帽子的上面有很多裂破的外皮的碎片，是细条的白皮状。另一种没有这样的白皮，即使有的有，也是非常少的。

"如果这些细微的不同我们没有注意到，那么就会给我们带来致命的错误。第一种菌的滋味鲜美，第二种菌有毒，可以杀人。"

喻儿说："哦，我懂了，你和薛门说过，如果没有经过长期的研究，很难辨别出它们。

菌丝

霉红菌

这两种菌就像两滴水一样：一滴是甘甜味美，另一滴则是毒药。"

"没有一年不出现由于错认了这两种菌而发生悲惨的人被毒杀事件的。你们要把它们的性质牢牢记住，千万不能出现可怕的错误。"

喻儿点头答应着说："叔叔，我会记住的。两种橘红菌的颜色都是橘红色的，外面都有一个白色的外皮。可食用的橘红菌的皱纹是黄色的，而有毒的那种菌皱纹是白色的。"

艾密儿说："还有，毒红菌的帽子有很多白皮的碎片。"

"这是我从一棵树的树干上采来的菌，是一种大多孔菌，外表是暗红色的，它没有柄。它身子的一侧紧紧地与老树干贴在一起。这种菌是火绒菌，把它的肉切成薄片，再在太阳下晒干，最后用锤子把它们击软后，就做成了火绒，所以叫这个名字。"

喻儿说："我怎么也没想到，原来打火用的火绒是用菌做的。"

"麻菇是最重要的食用菌。它生长在地下，和生它的菌丝一样。人们找它非常方便，只要闻着它的香味去找就可以找到。人们可以带着一只嗅觉灵敏的猪或狗到森林里去，猪嗅到地下菌的香味后，就会用鼻子向下掘。这时，人们就可以把猪拉开了，为了奖励它，给它一个栗子吃，人们对着猪找出来的地方向下掘，就可以挖到珍贵的菌了。麻菇的形状看上去不像普通的菌。它的身子粗胖而有皱襞，肉是黑色的，上面有白色的斑点。"

　　一大早，村民们都在盛传着同一件事情。就像他们昨天夜里躲过了一场大灾难似的。老杰克说，大约在凌晨两点的时候，他听到牛羊的哞叫，于是立刻醒了过来，这样来来回回重复了两三次。家里的老牛阿卓，平时非常乖，只要平时不打扰它太厉害，它都会安静地躲在牛栏里，可是昨天夜里，连它也哞叫得很厉害。老杰克觉得不对劲儿，还起床拿着灯笼去仔细查看了一番，也没有找到什么可疑的地方。

　　老恩妈妈睡觉时有一点动静就会警醒，她对昨天夜里的情形作了较详细的叙述。她听到厨房碗橱里的碗碟，当当地不停响。还有几只碟子掉到了地上，摔碎了，起初，老恩妈妈还以为是小猫儿搞的鬼。可她却感觉到好像有人用力摇撼了两次她的床，这使得她整个人都随之抖动了，这件事，都是在一瞬间完成的，这使老恩妈妈非常害怕，她把自己藏进了被窝里，虔诚地向上帝祷告着。

　　这个时间，马秀和他的儿子正赶集回来，赶着夜路，天气很不错，一丝风也没有，月光亮堂堂地照在大地上。他们一边走路一边谈论着自己的生意，这时突然听到地下传来一阵笨重而深沉的声音，就像是大水坝的怒号一样。与此同时，他们俩突然感觉脚下的地没有了，摇跌不停。很快，一切都恢复平静了。月亮继续亮堂堂地照着，午夜依旧平和静穆。这事情一瞬间就结束了，这使得马秀和他的儿子根本不知道刚才发生的事是不是自己在做梦。

　　当然，传出来的都是些最严重的情形，而且他们一边回想着那可怕的"地震"两个字，还一边带着怀疑的微笑。

　　晚上，保罗叔叔的小客厅被大家挤满了，他们希望保罗叔叔能给他们讲解一下一大清早大家传着的重大事件。

　　喻儿问："叔叔，为什么地皮有时会震抖？"

　　"孩子，它的确会这样，不一定在世界的哪个地方，忽然地皮动了。我们要庆幸生活在这个幸福的国家里，我们离那些可怕的地震还是很远的，如果偶尔感觉到地皮的震动，大家就会怀着满腔的好奇心，议论上几天，但他们却忘记了他们昨天夜里经历过的事最重要的部分，他们不知道，地皮的强烈震动，会给人类带来可怕的灾祸。老杰克告诉你们牲口们和老牛阿卓的哞叫。老恩妈妈也说了，她的床铺震撼时她有多么害怕，当然，实际上昨天夜里没发生可怕的事，但地震并不是永远这样仁慈地摇撼几下就完了的。"

喻儿问："地震很严重吗？我怎么觉得，这只是滚掉几只碟子而已。"

克莱尔说："我认为，如果地皮震动得太厉害了，房屋就会被震倒。叔叔，你现在是要告诉我们一个猛烈的地震了。"

"地震之前，往往是先从地下传来一种沉重的隆隆声，时而发作时而停，就像是地皮底下在下暴风雨一样。在这样恐惧神秘的隆隆声中，所有的动物都被吓得蜷伏起来，每个人都吓得惊慌失措。动物们能够受到本能的警告，一下子，地皮开始震撼，一会儿隆起来，一会儿陷下去，震动着，有时候，地皮会裂出一道深渊。"

克莱尔惊恐地叫着说："天哪！那些百姓们会怎么样呢？"

"我来告诉你，百姓们在这样恐怖的灾祸中怎样了。欧洲曾经发生过一次大地震，那是一七七五年万圣节日，那场大地震几乎毁了葡萄牙京城里斯本。地震之前，这座城市正在欢乐地过着节日，没有感觉到危险正在一步步走近他们，忽然，地下响起了一阵连珠炮一样的隆隆声。接着地皮猛烈地震动了几次，先是隆起来，不一会儿又陷了下去，很快就把这个人口稠密的城市震得到处都是瓦砾和死尸了。幸存下来的百姓，想要逃避房屋的倒塌，于是全都到了海岸上的一个大码头上。突然，码头被水吞没了，波浪一股脑儿地卷走了拥挤着的人群和停泊着的船艇，没有一个人得以逃离。原来这是地皮裂开了一条深渊，它把海水、码头、船艇、人群都吞进了肚子里，又关闭了深渊，把那些可怜的人们永远地埋在那里了。这场大地震只有六分钟的时间，可就在这短短

地震的现象

的六分钟里，却死了六万人。

"里斯本发生大地震的时候，葡萄牙的高山都动摇了，还有摩洛哥、非斯 (Fez)、梅昆斯 (Mequinez) 这几个非洲城市也都发生了大地震。其中有一个有一万人口的市镇，全都掉入了一个候开候闭的深渊里。"

喻儿说："叔叔，这件事太可怕了，我以前从没听说过。"

艾密儿说："刚才我听老恩妈妈说起她昨夜害怕的样子时，我觉得很好笑，但现在我不这样认为了，如果地皮高兴，那么我们就会像非洲的市镇一样永远地消失在这地球上。"

保罗叔叔继续说："还有一次大地震。一七八三年二月，意大利南部发生了四次大大小小的地震。这一年，当地地震了 949 次。地面像海上的大风浪一样起伏着，在这块不平静的土地上居住的人们，每天都像是住在船舱面上，人们犯了晕船病，这太稀奇了，在陆地上竟然晕船了，但这就是事实。每一次震动的时候，人们都会认为是天空中不动的云在胡乱地移动着，树木也在地面这样地颠簸下弯曲了，树顶横扫着地面。

"第一次地震持续了两分钟，在这短短两分钟里，南意大利和西西里岛的大部分市镇、村落、小乡都被地面震倒了。全国的地面都跟着骚动起来，还有的地方裂成了罅隙，就像是玻璃的裂纹一样，只是规模太大了。田地、住屋、葡萄藤、橄榄树，都从山坡上滑到很远的地方才停下来。这边，一座山一下子裂成了两座；那边，山被搬了起来，又运到了别的地方。地面上的房屋、树木和动物都被巨大的深渊吞没了，永远不可能再见到它们了。还有的地方，裂成充满着流沙的深穴，一下子就成了洼地，接着被涌出的地下泉灌满，一转眼就成了湖泊。据考查，全世界有二百多处像这样突然形成的湖泊、池沼。

"还有的地方，水道或裂缝内部涌出来的水把土地都浸软了，成了一大片烂泥浆，平原上、山谷里到处都是。在这样的泥海面上，只能看到树梢和毁坏的田庄的屋顶。

"一会儿，地皮突然震得很厉害。它震撼得太猛烈了，街道上的飞沙走石都被崩飞到了空中，整个石井从地面下像小塔一样地飞了出来。地皮隆起裂开的时候，会把房屋、人群和动物全都吞没，接着裂缝又关闭起来，一点痕迹都没有留下，就像它从没裂开过一样，但所有被它吞没的东西都在它两壁合拢的时候被轧成泥了。有时候，地震之后，立刻开始发掘，希望能找到一些宝贵的失物，发掘的工人会看到埋没的建筑物里所有的东西都被轧成一个整块了，两壁合拢起来造成的压力，真是太猛了。

"在这种情况下遇难的人数，有八万人之多。

"大部分死者，是被活埋在他们倒塌的住屋下面了；有的人是被地皮每次震动时从塌陷下的地方所喷出来的火烧死了，还有的人是在逃跑到田野时，掉进了脚下裂开的深渊里。

"这样的景象太惨烈了，连野蛮人也会心生怜悯，可是你们可能都不敢相信，在这样的灾难来临时，英雄行为非常少，加拉白利亚的农民简直太可耻了，他们疯狂地跑向城市，但他们不是去救人的，而是去抢劫的。他们在火墙和灰云飞扬的街道中穿行，连自身安危都顾不上了，抢劫那些甚至还没有死去的难民的钱财。"

喻儿气愤地说："太可恶了，这些强盗，如果我在那里——"

"孩子，就算你在那里，你又能做些什么呢？那里有很多心地善良的人，他们比你大，比你强壮，但他们却一点办法也没有。"

艾密儿说："那些加拉白利亚人太可恶了！"

"那里的人没有受过教育，所以才会带着野蛮的天性，这是必然的，凡是教育没有普及的地方，都会出现这样的现象。他们会趁着乱世残暴凶狠地做一些令全世界为之震惊的事。下面，我要给你们讲一个关于加拉白利亚农民的故事。"

六十六、两个都杀死吗？

保罗叔叔从自己的书房里，取了一本书回来。

"我现在要给你们讲的故事的作者是一位骑炮兵，他文笔非常不错，胜过他开炮的本领。本世纪初，有一队法国兵将加拉白利亚占领了。这位骑炮兵就是属于这支队伍的。下面这封信是他写给自己表弟的：

"'一天，我正在加拉白利亚散步。当地人非常凶恶，他们不爱任何人，尤其憎恶法兰西人。为什么会这样呢？这件事说来话长，他们就是恨我们，如果有一个法兰西人落在他们手里，那一定会遭殃的。'

"'我的同伴非常年轻，这里的山路非常倾斜，马在这里爬行得非常吃力。我的同伴本来找到了一条较近也更熟识的路，可是在这条路上，我们居然迷路了。这是我的错，我居然会如此信任一个只有二十岁的年轻人，我们想在天黑之前在林中找到出路，可我们越是尝试，越会迷失得厉害。天黑了，我们来到了一所屋子前，里面发着微弱的光，我们心里有些犯嘀咕，但是不进去又能怎么样呢？我们还有别的地方可去吗？'

"'在这间房子里，住着一位烧炭夫以及他的家人，他们正围着桌子吃晚饭，我们的到来受到了他们的热情招待，已经又累又饿的我和同伴就没有再客气，我们坐下来吃着喝着，至少我那个年轻的同伴是这样的，我则仔细观察着这所房子和主人的脸色。他们的脸看上去就是做烧炭工作的，可他们的房子里就像一个兵工厂一样，到处都是枪械、手枪、军刀、刺刀、弯刀，这一切让我非常不安。我也从主人的眼神中看出，他对我和同伴也有着同样的不安。'

"'我的同伴和我不同，他已经完全融入了这个家庭中，和他们说着笑话，一点防人之心也没有，当然了，这一点我早就料到了。他坦诚地告诉他们，我们从哪里来，到哪里去，我们是哪里人，他竟然把我们是法兰西人说出来了，天哪！他居然把这个也说出来了。我们正在最狠毒的敌人阵营中，没有人能来帮助我们，可他却加剧了我们的危险程度，你看他多么大方啊，就像一个富人一样，提出要再雇用一个向导，无论要多少报酬都没问题。最后，他还说到了自己随身携带的皮包，让他们不要靠近它，他要把皮包枕在头下面当枕头用。这个年轻人简直太幼稚了，表弟，你一定以为我们携带的东西是王冠的钻石吧？'"

喻儿插进话来说："那个年轻人太没有防人之心了，他的一番话使自己陷入恶人手里了，还在不停地说吗？"

保罗叔叔继续往下读："浮薄的少年很难闭上他的嘴巴。"

"'吃完晚饭，主人离开了我们。主人睡在下面一间房屋里，我们住在吃晚饭的地方上面的那间，他们在那里面给我们准备了床，是两米多高的阁楼，想要上去就要踩着梯子向上爬，这里本来是窠巢，爬进去的时候，看到上面有一个装着足够一年粮食的阁棚。我的同伴一个人爬了上去，很快就睡着了，他把头枕在那个皮包上，为了安全起见，我决定一夜不睡，于是，我在火炉里生起火，坐在了火炉旁边。'"

"'黑夜马上就要过去了，一夜都非常安稳，没有任何事情发生，我也觉得放心了。这时天快亮了，我忽然听到主人和他的妻子在我们下面说话，我赶紧把耳朵贴在火炉旁的地上认真地听，我非常清楚地听到主人这样说道："好，我们好好想想，把那两个都杀死吗？"他的妻子回答说："好的。"后面的话他们说得声音非常轻，我努力听了很久也没有听到他们说的是什么。'"

"'我们应该怎么办，我非常害怕，后背发凉，上帝呀！我能想出什么自救的方法吗？我们两个人手无寸铁，这里却有十二个或十五个人，而且他们还有那么多武器，我这里只有两个人，而且我的那个年轻的同伴还睡得像死人一样，我不敢叫醒他，可是如果让我一个人逃走，我的良心又不允许我这样做。窗户离地不算高，可是窗户下面的地上有两只狼一样的大狗。'"

艾密儿叫着说："这个炮兵太可怜了。"

克莱尔加了一句："他那个睡得像猪一样的同伴也挺可怜的。"

"'十五分钟之后，我听见扶梯的地方有人走上来，我从门缝里看到那主人一手拿着灯，另一只手拿着一柄大刀，正往上走过来，后面，跟着他的妻子。他开门的时候，我早就在门后藏了起来，他放下灯，他的妻子赶紧跑过来把灯拿起来，他伸脚迈了进来。那女人站在门外，用手举着灯，小声说："轻一点。"他走到梯子旁边，把刀衔在嘴里，爬上了这个年轻人的床，他睡得正熟，咽喉裸露在外面。那男人一只手拿着刀，一只手——天哪！表弟啊——'"

克莱尔恐惧地叫起来："叔叔，这个故事太吓人了，我听得很害怕。"

"故事还没结束，后面还有——'主人一只手拿住挂在天花板上的火腿，另一只手用刀割下来一大块，然后顺着原路返回了。门关了，灯灭了，只有我还沉浸在回忆中。'"

喻儿问："然后呢？"

"没有然后了。那个炮手又写道：'天亮以后，这个家里的全体成员都跑来叫我们起床，声音很杂。我告诉你，他们拿出了自己储存的食物，给我们做了非常丰盛的早餐，在早餐的美味中，有两只阉鸡。有一只是女主人说要用来招待我们的，另一只是要让我们带在路上吃的。我看到这两只阉鸡，才知道他们夫妻二人说的那句：要把那两个都杀掉吗？是什么意思。'"

艾密儿问："他们夫妻两个其实是在商量要杀一只还是杀两只阉鸡做早餐吗？"

保罗叔叔回答："没错，就是这样，根本没有别的意思。"

"哦，原来是那个炮手自己弄错了，差点被吓死。"

喻儿说："也就是说，那些烧炭夫并不坏，不像我们想象的那么凶恶了？"

"是的，我就是想让你们知道这一点，加拉白利亚那个地方虽然有坏人，但是那里也有好人。"

六十七、温度计

喻儿说："那个炮手的故事，结果真是出乎意料，和预想的一点也不一样。读者一定以为这两个旅行者一定会遇到厄运，没想到结果只是烤了两只鸡。当我听到主人把刀衔在嘴里，爬上扶梯的时候，我吓得浑身发抖，可故事的结果却是这样温馨，让我们捧腹大笑，这个故事太有趣了。我们还是要回到地震的问题上来。叔叔，你还没有告诉我们可怕的地皮活动是怎么回事呢。"

保罗叔叔回答："如果你们对这个问题感兴趣，我就再给你们多讲一些，孩子们，你们知道吗？越往地下钻，温度越高，人们为了得到各种矿物而大量挖掘，我们的结论就是从这里得到的，他们挖得越深，温度就越热。往地下每深三十米，温度就增高一度。"

喻儿说："一度是什么？我不太懂。"

艾密儿也点点头说："我也不懂。"

"那么我们就从这里开始讲，如果不这样，你们一定听不懂。你们都看到我的房间里有一块小木条，在这根小木条上有一根玻璃棒，它的中间有一条很细的沟，底部有一个小球。小球的里面有红液，这红液会根据天气的冷和暖而或高或低地流入玻璃棒的细管里，这就是温度表（或称寒暑表）。如果把温度表放进冰水里，红液就会跑到标记着管底的一点，这点就是零摄氏度；把温度表放进沸水里面，它就会上升到温度表上标记着一百摄氏度的地方。把这两点之间进行一百等分，每一等分就是一度。①"

艾密儿问："为什么叫度？"

"度就像是楼梯的级步。那红液一段一段地向上升或向下降，就像我们爬楼梯时一级一级上下一样。天气暖和起来时，那红液就会一段一段向上爬，天渐渐变冷时，它又会像下楼梯一样从梯子上一段一段爬下来。这样，就能按照红液所

---

①此处提到的温度表，是摄氏表，也称百度表（Centigrade），沸点是一百摄氏度，冰点是零摄氏度。

温度计

停的级步处，也就是度数计温度了。

"那红液到了零刻度的时候，就是结冰的时候了，红液爬到一百度的时候，就是沸水的热度。它们中间的级步或度数，能显示出热度的变动情形，红液上升的时候，热度就变高了。

"温度表上显示出来的物体的热度，就是它的温度。所以说，冰水的温度就是零摄氏度，沸水的温度是一百摄氏度。"

艾密儿说："有一天早上，你让我去你房间里拿东西，我用手捏着温度表的小球上，那红液就开始一段一段地向上升。"

"那是你手上的温度造成的。"

"我本来想看看红液最高能升到多高，可它一会儿就不再上升了，我等了很久，它都没有再向上升，我也没有耐心再等下去了。"

"孩子，你用手捏着温度表的时候，它最高只会升到三十八摄氏度的地方，就不会再向上升了，因为这是人类身体的正常温度。"

喻儿问："炎热的夏天，温度表最高会升到多少摄氏度呢？"

"在我们这里，夏天最高的温度就是二十五到三十五摄氏度之间。"

克莱尔问："那么世界上最热的地方最高会升到多少度呢？"

"譬如塞内加尔①这样非常热的地方，温度会升到四十五到五十摄氏度之间。那里夏天的温度约是我们这里温度的两倍。"

---

① Senegal，属于西非洲。

六十八、地心的火炉

"继续我们刚才的话题，我刚才和你们说过，矿底里的温度非常高，而且那里一年四季的温度都是这样高的。奥匈帝国的波希米亚有世界上最深的矿，现在已经不能再向下挖了，否则，矿井上面的泥土就会崩溃。一千一百五十一米的深处的温度就有四十摄氏度了，这个温度是永久热度，无论是哪个季节都不会变，这个温度和世界上最热的地方一样热。多山的波希米亚冰天雪地的天气时，在矿底就可以躲避冬季的严寒，享受到夏天的炎热。在塞内加尔炎热的夏天，矿井的入口处非常冷，可矿底就能把人热得透不过气来。

"全世界任何一个矿底的情形都是这样的，没有一处例外。越往地下深入，温度就越高，工人在深矿里会被热昏了，那里热得就像是在一个大火炉旁边那样。"

喻儿问："那么地球的内部真的有大火炉吗？"

"孩子们，记住，它的温度可比火炉热多了，有一种自流井，在地上挖个圆筒形的洞，用坚硬的铁条支撑住洞口，向地底掘，一直掘出水为止，这些水都是邻近的湖水渗透过来的，在这里集成一个地下水槽。由于掘出了洞，地下的水就会涌到地表上来，它的温度就是地下那么深的地方的温度，这样我们就知道了地球内部热的情况了。巴黎的格莱纳尔井是全世界最有名的井，它有五百四十七米深，井水的温度永远都是二十八摄氏度，这个温度和夏天的温度差不多，法国和卢森堡交界处有一个蒙独夫自流井，井水的温度是三十五摄氏度，来自地下七百米处。世界上数不清的自流井，里面井水的温度都像矿中的温度那样，每向地下深三十米，温度就会增高一摄氏度。"

"掘井的时候，如果一直向地下掘，温度越来越高，会不会掘出沸水？"

"当然会了，关键在于，无法掘到所需要的深度，这才是最困难的，因为要掘到出沸水的地方，就要挖到地下三公里（三千米），这是不可能完成的。虽然，我们知道有许多的天然泉水是从地下涌出来的，它们的温度非常高，有的都达到

了沸点。这就是温泉，意思就是热的泉水。它们的热量来自它们所在的地底深处，那里有足以使它们微温乃至沸点的热量。克洛地·爱格泉和维克泉是法国著名的温泉，在开特尔地方，那里的温泉水几乎都达到沸点了。"

"这些温泉水会不会汇成一条温泉溪流？"

"有烫溪，如果你把一个鸡蛋放在里面，一会儿就被煮熟了。"

艾密儿问："那这条小溪里一定没有小鱼和小蟹吧？"

"孩子，当然没有。如果真有的话，不是早就被煮熟了？"

"对啊。"

"奥佛格纳地方的沸水小溪不如冰岛上的沸水溪。冰岛是一个大岛，位于欧洲极北部，那里常年积雪。当地的很多温泉都会喷出热水，当地人把它叫做间歇泉。大间歇泉是最强有力的温泉，它的泉水来自一个大山谷，是从那里喷出来的，这大山谷位于一个山顶，水的泡沫把山谷刷得像白晶一样干净了。山谷的内部像一个漏斗，下端有一根弯曲的管道，通向一处不可测知的地方。

"每次这个沸水火山爆发前，都会先有地震，地下响起炮声一样沉重的声音，这声音越来越强，水从喷火口里猛烈地喷出来，把整个山谷都淹没了，在我们这个地方，有时候可以看到像是一只沸水锅被火炉烘烤着一样，只是那只火炉是看不到的。水像沸腾的洪水一样在蒸汽的漩涡中向外涌着。间歇泉集中全力，在一声巨响后，向外喷出一根直径六米的水柱，可以把它喷到六十米的高空上。那些白蒸汽就像一把大伞一样，不一会儿，就有沸雨落下来了。

"几分钟后，可怕的爆发就结束了。原来淹在山谷上的泉水都退了下去，进入了喷火口的肚子里，然后又有一柱水蒸气带着怒号声冲向空中，在这样大的力气下，那些滚入喷火口的大石块都被碎成小块或是推到了空中。附近的地方都被笼罩在厚密的蒸汽漩涡里了。过了一会儿，喷泉恢复了方才的平静，怒号声小了，很快就又喷发出来，然后重复

美国黄石公园的大间歇泉

刚才同样的过程。"

艾密儿说："太可怕了，不过真的很漂亮。但我们观察这个景象的时候，要站在很远的地方，要不然，那些沸雨就会淋在我们头上了。"

喻儿说："叔叔，你说过，这也就能证明地皮底下的温度是非常高的。"

"据这些观察证实，地下的温度每深三十米就增加一摄氏度，那么地下三公里的地方，温度就是沸水的温度，也就是一百摄氏度。再向下走二十公里，那里的温度就是熔铁的温度了，地下五十公里以下，那里的温度就能熔解人类所知道的一切物质，它的薄壳也是中心熔化的流质海洋所形成的。"

克莱尔说："你说是一层硬质的薄壳，根据你刚才的计算，这个硬壳应该有五十公里那么厚。它的下面都是流质了。我本来还以为，这五十公里的硬壳非常厚了，就不必害怕地下火了。"

"五十公里的厚度是非常厚了，但是在地球的容积面前，就显得微乎其微了。地面到地球的中心，有六千四百公里远。在这段距离中，五十公里的距离又算得了什么呢？里面都是熔岩了，你们想象一下，这里有一个直径为两米的球，那么上面球面上一个半根指头那么厚的壳算得了什么呢？这个半根指头的壳就相当于地球的硬壳。再给你们举一个简单的例子来说明这个问题，用一个鸡蛋来代表地球，那么它的蛋壳就像是地球面上的硬壳，鸡蛋里的蛋液就像是地球中心的熔岩。"

喻儿说："地球里面有一个巨大的地下火炉，而隔开它的只有这样薄的一层硬壳，这让我们根本无法安心。"

"是的，科研所里有关于地球构造的详细资料，我进修时第一次看到这些资料时，也大吃一惊了，同样为此感到不安，面对这样的情况，我们不可能不害怕，因为那些熔化的物质就在我们脚下几十公里的地方，然而它的硬壳却只有这么薄，它真的能抵住地心流质吗？这个地球的壳，会不会有一天会被地心的熔岩熔化、分裂、崩溃呢？只要这个薄壳抵抗不住了，那么整个大地都会颤抖，地面就会出现非常可

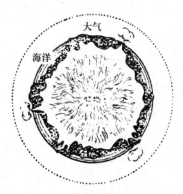

地球的构造

怕的龟裂。"

克莱尔插进话来说："我懂了。所以才会发生地震，对吗？地球内部的熔岩移动的时候，地壳就会颤动，这就是地震产生的原因。"

喻儿说："那么，这个地壳这么薄，一定会经常颤动了。"

"恐怕地球上一部分硬壳，每天都会有震摇发生，地点不一定，有可能在海洋底下，也有可能在大陆底下。却很少发生严重的地震，这就要感谢火山的调停了。

"火山口是使地球内部和外部交通的入口。火山口能使地下的水蒸气自由出入，使它们不会把地皮颠覆，所以不会经常发生地震，就算发生了地震，也不会带来非常严重的后果。在火山附近，地皮经常被猛烈的震动所撼，地震停止后，火山就会向外喷出烟气和熔岩。"

喻儿说："我还记得你以前给我们讲过的爱特那火山的爆发，还有加塔尼亚城的惨剧。那时候，我只知道火山是非常可怕的，因为它给四周的人类和村庄带来了灾难，现在我才知道它还有这样大的作用，如果没有它向外排放，地球一定会躁动不安的。"

保罗叔叔房间的抽屉里有很多漂亮的贝壳。这些贝壳是他的一个朋友在旅行过程中收集的。这些贝壳非常漂亮，样子也很古怪。有几个贝壳是弯的，它的螺旋就像是圆扶梯一样，还有一些又分着大角，有的大张着，就像鼻烟匣一样。有些贝壳有放射形的骨，复杂的皱襞，有的还有很多折叠着的薄片，那样子就像屋顶上的瓦似的，有的竖起尖头、针刺，有的身上带着锯齿状的鳞片。并不是所有的都有光纹，有的是非常光滑的，像一个蛋一样，有的是白色的，有的带着红色斑点，还有的开口处是玫瑰色的，有长长的刺，就像是人们伸长的手指一样。这些贝壳来自世界各地，例如黑人居住地方、红海、中国、印度、日本等地。如果把它们一个个看完，恐怕需要一个小时呢，尤其是现在，保罗叔叔要把它们的故事讲给我们听。

一天，保罗叔叔把自己的这些宝贝拿出来给孩子观赏，他拉开抽屉。喻儿和克莱尔对着眼前数不清的漂亮贝壳看呆了。艾密儿拿起大贝壳放在耳朵上，仔细地听着那里面传出来的"呼——呼——呼"的声音，那声音听上去就像海洋的波涛声一样。

"有一个贝壳非常漂亮，它的口是红色的，像花边一样，它来自印度，名叫盔形贝。有的很大，艾密儿的力气已经很大了，可他也只能搬动两只而已。这样的贝壳在岛上有很多，当地人把它们当作石头来用，把它们放进窑里烧成石灰。"

喻儿说："如果我拥有这么多美丽的贝壳，我可舍不得把它们烧成石灰。你们看它多漂亮，口那么红，边折叠得那么好看。"

艾密儿说："还有它发出的'呼——呼——呼'声音，是多么响啊，叔叔，贝壳的声音真的是海浪的声音吗？"

盔形贝

"孩子，我承认，这样的声音听上去很像是大海

上的波涛声，可是它并不是，你们不要认为海浪的回声会藏在贝壳里面。之所以会有这样的声音传出来，都是因为空气在贝壳里面弯弯曲曲的洞穴中出出进进造成的。

"你们来看这个贝壳，它来自法国。这种贝壳在地中海的海岸上有很多，它是璧螺贝属。"

艾密儿说："你们看这个，它也很像盔形贝，也会发出'呼——呼——呼'的声音。"

恶鬼贝

"所有有旋洞的大贝壳都能发出这种声音。"

"来看这个，它也来自地中海海滨。它叫做恶鬼贝，在这个贝壳里面居住的动物，会生出一种紫色的黏汁，古代人认为这种颜色非常漂亮，把它称为紫色，这是他们非常宝贵的颜料。"

克莱尔问："贝壳是怎么做成的？"

"贝壳是一种软体动物的家，和螺旋形的蜗牛壳的作用是一样的，你还记得那只要吃你的嫩花草的有角的小动物吗？和它的家也是一样的。"

喻儿问："那么蜗牛的房子也是一个贝壳吗？和这些漂亮的贝壳一样吗？"

"你说得对，孩子。那些漂亮的贝壳，都来自大海边，在那里，能找到很多贝壳，这种贝壳是海产贝。盔形贝、鬓螺贝和恶鬼贝都是这类贝壳。但在溪流、江河、湖泊、池沼这样的淡水里，也有贝壳。即使是法国最小的沟渠里面也有很多样式的贝壳。只是它们的色彩略带土色，有些幽暗。这类贝壳是淡水贝。"

喻儿说："我在水里看到过又大又尖的螺旋形蜗牛壳，它们都有一个带着盖子的小孔。"

"叫做田螺。"

克莱尔说："我想起一种沟渠贝来。那种沟渠贝是圆的，平的，一个铜元大小。"

"这是一种扁卷螺。还有一些贝壳来自陆地，所以这样的贝壳叫陆生贝，比如说螺旋形的蜗牛壳。"

喻儿说："我以前看到过非常漂亮的蜗牛，和我们在这个抽屉里看到的贝壳一样漂亮。我看到森林里有一种黄色的

田 螺

蜗牛，壳上整齐地环绕着几条黑带。"

艾密儿问："那些蜗牛和找到一个空壳后，就在里面安家的蛞蝓是不是一种动物？"

"当然不是了，蛞蝓永远不会有一个壳，不可能变成蜗牛，它永远都是一条蛞蝓。蜗牛和它正好相反，蜗牛的贝壳是生来就具有的，随着蜗牛的身体一天天长大，它的壳也会随之一天天长大，你以前看到过的空壳，以前是蜗牛住的，只是它已经死了，尸体风化不见了，融入了尘土，留下来的只有它们的房子。

"蛞蝓与没有壳的蜗牛外表看上去太像了。"

"这两种动物都是软体动物。有些软体动物是没有壳的，蛞蝓就是这样的，还有的是有壳的，例如蜗牛、田螺和扁卷螺等，它们都是有壳的。"

"蜗牛的家是用什么做成的？"

"孩子，它的房子是它用自己分泌出来的材料建造的。"

"我不明白。"

"你的牙齿不就是自己造出来的吗？而且还把它造得这么白，排列得又这么整齐，你的牙长出来的时候，你根本就不知道它是怎么长出来的，这些美丽的牙齿非常坚硬，像小石头一样，它们就是我们用身体里的材料制造出来的，我们的牙龈分泌出石质，再把这些石质造出牙齿的形状。蜗牛的房子就是这样建造出来的，这小动物和我们人类一样，也能分泌出石质，用这些石质做出一个美丽的贝壳来当作自己的房子。

"可是我们要用石头造房子时，都需要工匠把石头一块一块整齐地排列起来，蜗牛建造房子时可不需要工匠的帮忙。"

喻儿说："虽然蜗牛吃了我们花园里漂亮的鲜花，但我现在不觉得它那么坏了，反觉得感觉和它更加亲近了。"

"虽然是这样，但它乱吃我们花园里的花草，我就要和它宣战，这可是我们的权利，但你们也不要认为这个敌人是很容易对付的，秘密就在它的眼睛和鼻子上，我现在就把这些秘密告诉你们。"

THE STORY OF
NATURE
七十、蜗牛

"你们以前应该注意过，蜗牛向前爬行时，它的头上会竖起四只角。"

喻儿急忙插话说："它们的角可以自由进出。"

艾密儿说："它们用这几只角来向各个方向旋转，如果把它放在热炭上，它就会发出 be—be—eou—eou 的声音，像唱歌一样。"

"天哪！孩子，这样的做法太残酷了，你们千万不要这样做。蜗牛可不会唱歌，它们发出那样的声音其实是因为被烧痛了，在用自己的方式喊救命呢，它身上的黏汁会被烧凝了，一开始的时候，会膨胀，后来就会收缩，然后就会发出空气钻出的声音，这时，蜗牛就已经快要死了。"

"法国寓言家拉·封丹的寓言里讲过很多动物的故事，书中说有一只狮王，它被角兽触伤了，于是发生了这样的事——

"把动物王国里所有有角的兽——

例如白羊、牛、山羊、鹿和犀牛，

全都赶出它的王国。

一只小兔子看到自己两只耳朵的阴影，

心里慌乱不已。

'说不定狮王的走狗们，

会把自己的两只耳朵错认为角，

硬把我抓了去向狮王献殷勤。'

于是它急忙说：'蟋蟀，我的邻居，再见了，我要到外国旅行？

如果我继续在这里生活下去，

它们一定会把我的耳朵当作角，把我抓去，

而且它们看上去的确非常像角，别人一定也都会这么说的，

这让我非常害怕。'

蟋蟀回答说：'你说什么？这些是耳朵，怎么可能是角呢？你真是太笨了，这样的事实谁会否认？'

兔子胆子非常小，它胆怯地说：'可是如果它们硬要把它说成是角，

或许会把它当做犀牛角，

我又能有什么办法呢？'

"显然，这兔子弄错了。它的耳朵在旁人看来仍然只是耳朵。蜗牛和兔子一样，它额头上的东西也被人当成了角，蟋蟀听了这样的言论或许会叫着：'你说这些是角？'看样子，它比人类还要聪明。"

喻儿问："那些难道不是角吗？"

"当然不是了，孩子。它们就像是手、眼、鼻，或是盲人的手棒，叫做触角。蜗牛的触角一共有两对，它们长短不等。上面的一对更长，也更特别。

"每一根长触角的尖端都有一个小黑点。这是它的眼睛，虽然非常小，但和其他动物的眼睛没有任何区别，你们一定猜不到它们怎样才组成一只眼睛，我现在没办法告诉你们，因为这太复杂了。但这个小得几乎无法分辨出来的小黑点，具备眼的一切功能。而且它不光是眼睛，还是鼻子，对香臭的感觉特别灵敏。蜗牛看事物和嗅气味靠的都是它长触角的尖端。"

"我以前试过，如果把什么东西靠近蜗牛的长角，它的角就会立刻缩进去。"

"这个触角既是鼻子，又是眼睛，还可以自由伸缩，用它的触角去接触一样东西，就可以嗅到气味。和它的触角相像的鼻子，就要说到大象了，大象鼻子非

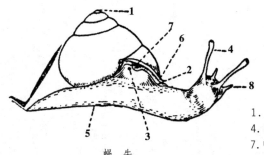

1.壳顶；2.外套膜边；3.肛门；
4.眼柄；5.足；6.壳口；
7.呼吸孔；8.触角。

蜗牛

常长，但蜗牛的鼻子可比大象的鼻子高明多了，它能嗅到气味，看到光线，眼和鼻可以同时起作用，它能把它们缩进自己的身体里去，缩到不见了，也能把它从皮下伸出来，伸得越来越长，就像一个望远镜一样。"

"我经常看到蜗牛把它的角缩进去。它们把触角蜷起来往回缩，就像长回皮里了一样，有什么东西碰触它的触角时，它就会把它的鼻和眼藏回口袋里。"

"没错。当我们看到太强的光，或嗅到难闻的臭气时，也会立刻把眼睛眯起，捂住鼻子。蜗牛也是一样的，只是方式有所不同而已，如果它看到了强光，或是闻到了臭气，它们都会把眼睛和鼻子藏回壳里去，就是艾密儿刚才提到的口袋。"

克莱尔说："蜗牛太聪明了，这个方法真好。"

喻儿插嘴说："叔叔，你刚才还说这个触角也像是一个盲人的手棒，那是怎么回事？"

"蜗牛把上触角全部缩回去或缩回去一半后，它就瞎了，这时，它只剩下两根下角了，这两根触角非常敏感，可以当眼睛和鼻子，还能在它瞎了的时候，给它当盲人棒，但它可比盲人棒好用多了，它就像是一只手指，通过触摸来辨认事物。艾密儿，你看，你只知道把蜗牛放在火上烤，它会发出哀鸣，可是它其他的事情你却一概不知。"

"现在终于知道了，如果不是叔叔告诉我们，我们怎么也想不到，蜗牛的那些角又是眼睛，又是鼻子，还是盲人的手棒和手指呢！"

七十一、珍珠母和珍珠

喻儿说："你刚才让我们看的贝壳颜色特别漂亮，你还记得赶集那天买给我的那个有四片刀口的削笔刀柄吗？它的柄就是珍珠母造的。"

"是的，珍珠母闪耀着五彩虹色，非常漂亮，是从一种贝壳中来的。人们经常用它作为精巧的装饰品。以前，它就像是牡蛎的闪亮的住屋。里面像是富丽堂皇的王宫。无比辉煌，有着各种炫丽夺目的色彩，就像把彩虹的光彩都摘下来保存在它的住屋里了一样。

"这个贝壳能生出漂亮的珍珠母，它是厚珠母。它的外部有墨绿色的轮圈，内部非常光滑，像磨光的大理石一样，色彩炫丽，就像天上的彩虹，几乎拥有所有的颜色，光亮柔媚，千变万化。

"这个富丽堂皇的小贝壳，是一个软体小动物的家，就算在童话故事里，小仙女的家也没有这个小贝壳漂亮，简直太美了。

"在这世界上，每个人都有自己的居所，然而这个黏质的小动物的居所居然这样的富丽堂皇，像一个王宫一样。"

"厚珠母在哪儿居住？"

"它在阿拉伯的沿海岸上居住。"

艾密儿问："阿拉伯是不是很远？"

"孩子，的确是非常远，你为什么突然问起这个问题？"

"因为我很想去阿拉伯捡一些这样美丽的贝壳回来。"

"天哪！孩子，你还是不要再做这样的梦了，阿拉伯离我们太远了，而且，这样的贝壳也不是随

厚珠母

随便便就能捡到的。人们要潜入海底才能得到这种厚珠母，为此，有些下海的人失去了宝贵的生命，永远地沉睡在大海里了。"

克莱尔问："真的？世界上还有人敢为了采集贝壳而勇敢地潜入海底吗？"

"当然了，有很多呢。这样的贝壳可以卖很多钱，如果我们也去那里找贝壳，一定会被他们排斥。"

"那么那些贝壳真是非常珍贵了。"

"你们自己想吧，首先，人们把贝壳内部的一层东西锯成一片片一块块的，这就是珍珠母，我们就是用它们来做精巧的装饰。喻儿的刀柄上覆盖着的就是珍珠贝内的珍珠母。但这些只是那个珍贵的贝壳身上很小的一部分，里面还有珍珠呢！"

克莱尔说："可是珍珠的价格很便宜啊！我买了一捧才花了几个铜板，我还用它们镶在你的袋子边上呢。"

"来告诉你们，真珠与假珠的区分方法。你所说的珍珠其实只是钻了孔的彩色玻璃。它的确价格便宜。然而厚珠母的珍珠则是珍珠母球，非常珍贵精细。如果它们的个头非常大，价值就会高得吓人，有可能达到几千几万元。"

"可是，我并不认识这些珍珠。"

"那并不重要，希望你永远不要认识它，因为如果你们爱上了它，就会连普通常识和名誉都抛之脑后了。你们只要知道它们的构成过程就可以了。

牡蛎

"有一种像是牡蛎的动物居住在两个贝壳之间。它看上去就是一个黏质的块儿，你根本就认不出它是一个动物。它消化着食物，呼吸着空气，对痛楚非常敏感，哪怕是一粒微尘，也会使它非常疼痛，当它感觉到疼痛时，你们猜它会怎么做？它就会分泌出珍珠母，把它涂在疼痛的地方，久而久之，这些珍珠母就堆积成又小又滑的球体，这些都是它分泌出来用来治病的珍珠母，这时就

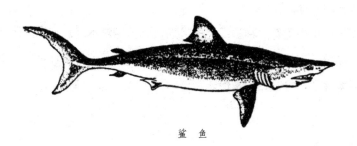

鲨鱼

形成了珍珠了。如果它的个头很大，价值就非常高了，女人们非常喜欢戴珍珠项链，脖项上的一圈珍珠会让她们觉得非常骄傲。

"但把这样的一条珍珠项链戴在脖颈上时，心里应该知道，采珠的渔夫从小船上跳到海里，手里拿着一根绳子，绳子的一端系上一块大石头，这能使他们更快地沉入海底。在这之前，他用右手紧握着绳子的一端，右脚踏住石头，左手捂住鼻孔，还要在左脚上系一个袋子形状的网。把石头丢到海里以后，他就会像随着大石头一起沉入水底。到水底以后，他赶紧拾满一网贝壳，然后把网拉紧，向上面的人传递一个信号，船上的人就会赶紧把他拉上来，那人带着贝壳上岸以后，已经几乎快要窒息了，这时，他们会非常痛苦，有的时候，还会从他们的嘴和鼻子里流出血来；在海里还有时会遇到鲨鱼，他们上来的时候有可能会被鲨鱼吃掉了一条腿，落下终生残疾；还有更悲惨的，就是有可能会被鲨鱼活活吞掉了。

"珠宝店橱窗里珍贵美丽的珍珠，它们的价值还不只是一袋金钱，有的时候，甚至是一条性命那么贵重。"

艾密儿惊恐地说："天哪！如果是那样的话，那么就算阿拉伯就在我们的村头，我也不会去采珍珠的。"

"他们开贝的时候，会把它放在太阳下晒，这样就能把贝里的动物晒出来，人们就是在这些可怕的死动物尸体里，找出珍珠来。把它们找到以后，只要在上面钻上一个孔就行了。"

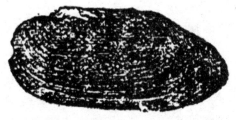

蚌（河贝）

喻儿说："一天，我在他们清除大水沟时捡到几个贝壳，里面发着光，就像珍珠母的光彩一样。"

"溪流和小沟里有一种墨绿色的贝壳，它们是淡水贝。这里的珍珠母住在高山的小溪流里，有的个头非常大，也产珍珠。但是它们和厚珠母所产的珍珠，光泽度差得太远了，价值也相差很大。"

艾密儿问："你抽屉里的那些贝壳，都来自大海吗？"

"是的，它们都来自大海。"

"大海是不是很大呢？"

"当然了，非常大，有的地方两岸之间的距离，船要行驶几个月才能到达。那些船跑得非常快，比如轮船，速度就非常快。它们的速度几乎和火车的速度一样。"

"海上有什么可看的？"

"大海的头上面有和我们这里一样的蓝天，看上去就像是一个巨大的蔚蓝的大圆盖子，再也没有别的什么了，人们在大海上行过几海里，却感觉好像没有行进，仍然在那个蔚蓝色的水圆圈里。之所以会有这样的情况，是因为地球是圆的，水把地球面的大部分都盖满了。眼里看到的海洋，范围很小，这个范围的四周被一条圆周线限制了，蓝天就像在这圆周线上一样。船向前行驶时，前面不断增添出圆线，所以即使行驶了很远，可仍然会感觉像是留在这个圆圈的中心没有移动位置一样，蔚蓝的天边与蔚蓝的海相连。继续向前走，最后只会看到我们视线的边缘上那一缕灰色的小烟，那就是即将要到达的陆地了。再走半天的时间，那灰色的小烟就会变成海岸上的岩石或高山。"

喻儿说："地理书上是这样说的，海的面积比陆地大多了。"

"如果把全地球划成大小相等的四部分，那么陆地只占其中的一部分，海洋的面积则是其余三部分。"

"那么海洋底下是什么？"

"海洋的最下面是地皮，就像湖或溪流的底部似的，海洋底下的地是非常不平坦的，这一点和陆地非常像。有的地方，地皮还会裂成不知道有多深的深渊，有的地方则是高高的山脉，就像陆地上的山脉一样，不同点是它在水底而已，如果这个山脉更高一些，就会把头顶露出水面，成为岛屿。还有的地方是像陆地上一样空旷的平原，也有隆起的高原。如果海洋里的水干了，它底下地皮的样子和陆地没有什么不同。"

"也就是说，海洋各个地方的深度都不相同了？"

"当然了。人们在测量海深的时候，是把一条一端系着一大块铅锤的长绳子抛入海中，直到铅锤不再拖绳子的时候，那么它的长度就是那个地方海的深度。

"地中海的非洲与希腊之间的地方是这个海最深的地方。海底的铅锤在这个地方能坠下四千至五千米。这个深度与欧洲最高峰的勃朗峰（Monllilanc）的高度相等。"

克莱尔说："如果把勃朗峰放进这个地方的海底，它的山顶也只是刚刚露出水面而已吗？"

"没错，孩子，这可不算最深的，还有更深的。纽芬兰之南的大西洋中，有一个地点最适宜捕猎鳖鱼，在这里，铅锤的长绳子可以下垂到八千米。而世界上最高的山峰是八千八百四十八米。"

"也就是说，如果把世界最高峰放在那个地方的海里，它也就能露出水面八百四十八米，成为一个微不足道的小岛了。"

"还有更深的海，南极附近的海中，有一个地方，投下去的铅锤能一下垂到一万四千或一万五千米深，也就是十四公里。这么高的山脉，陆地上可没有。

"深得多么可怕啊，海岸边则非常浅了，中间的低陷，有的时候，是向中间逐渐而低；有的时候，是突然一下子一落千丈，这都是由于海洋底下的地皮高低起伏不同而造成的。在一处海岸边，海的深度会迅速增加，这个幅度非常可怕，这个地方的海岸被海浪击着，另一个地方的深度就一下子增加起来。我们要走很远，才能下降几米。那里的海底是一个与陆地的平原相连接的平原，海的深度下降非常慢，慢到几乎看不出来。

"海岸的平均深度约在六千米至七千米之间，如果海底没有高低起伏，成为一块人工削平的平地，海岸仍旧是现在的形状，那么它各处的水深就是六千到七千米之间。"

艾密儿说："叔叔，我听这些公里、米，听得很糊涂。但是也没关系，我已经知道，海非常深，里面有很多很多海水。"

"海里的水可比你想象的多得多呢。罗尼河 (Rhone) 是法国最大的河，它在发水的时候，从这岸到对岸的水一望无际一样。人们曾经计算过，它在一秒钟内就能流入大海里五百万升的水。如果它始终保持这样的奔流速度，那么二十年的时间，它也无法灌满海洋的千分之一。这个比喻很恰当，现在你们能体会到大海到底有多大了吗？"

"我太笨了，只想这一个问题，就够糊涂了。海水是什么颜色的？它也和罗尼河一样，是黄色的，还泥汤一样的吗？"

"除了河口，别的地方都不是这样的，如果只看很少的一点海水，那么它看上去就是无色的，可是如果看大量的海水，它的颜色就是天然色彩，是绿蓝色的。所以大海的颜色非常漂亮，蔚蓝色中带着一点绿色，在外海中比较幽暗，在近海中非常清朗。当然了，它的这个颜色也会随着天空光线的变化而产生变化，天气晴朗时，平静的海是淡蓝色或暗靛色的；暴风雨的天气来临时，它的颜色就是墨绿色甚至墨黑色了。"

喻儿问："人们说，大海发怒是非常可怕的，会产生波浪吗？波浪是从哪里来的呢？"

"没错，喻儿，大海发怒的时候的确很可怕，那些波浪像移动的山峰一样，尖端顶着浪花和泡沫，像胡桃壳似的被扯来扯去，有的时候，它会把船扛在背上，有的时候，会直接把船卷进两大浪峰之间的深谷里去。你们看，面对凶悍的大海，船上的人是多么渺小与脆弱，他们自己一点力气也使不上，只能任凭波涛的意志，在波浪的作用下或上或下地升降着，如果这只胡桃壳被波浪打穿了一个洞，该怎么办呢？那样的话，这只船很快就会永远地沉没在海底了。"

克莱尔问："沉没在哪儿？是你和我们说过的深渊里吗？"

"是的，沉没到海底以后，船上的人没有一个人会幸免于难，如果陆上还有爱他们的人，那么留在世上的也就只剩一个怀念了。"

喻儿说："所以说，海最好还是平平静静的。"

"可是，孩子，如果海永远都是平平静静的，那可不是什么好事。大海平静，并不代表它是健康的，海要猛烈地震荡才能使海水不致污秽，还要溶解空气给在海里生活着的动植物居民享用。因为大海和大气一样，需要经常进行澄清的扫荡，需要大风潮猛搅着海水，除去海里的腐旧，使它的流动更加干净活泼。

"风扰动着海面，如果风力太猛，就会掀起波浪，使它们互相碰撞形成泡沫。如果风力很猛，而且连续不间断时，它就会追逐着海水，使海面上出现平行线那样一排排的波浪，后浪推前浪向海岸翻滚着，不管怎样搅乱海水，影响到的只是海的表面：三十米之下的海水仍然是非常平静的，就算海面上遇到再猛烈的风潮也是一样的。

"近海中最巨大的浪头只有二米到三米高；而在受特殊恶劣的天气影响之下的南海中，最大的浪头要升高到十米至十二米。它们看上去就像是一脉浮动着的山头，中间是宽阔而深邃的峡谷。风猛烈地吹着它们时，它们的顶上就会出现一阵阵的白色泡沫，越滚越大，逐渐滚出一个可怕的大浪头，它的力量非常大，足以顷刻之间就把一只船吞没。

"波浪的力量太大了，大得简直让人不可思议。在水中挺立着的海岸，受到海浪正面攻击的地方震动得非常猛烈，人们可以感觉到，连脚下的地皮也在震动。巨大的浪头冲毁了最坚固的堤，粗暴地扯着巨大的石块在地上拖着，有时干脆把石块抛上防波堤，使它像小石子一样在地上滚着。

"海岸的断崖，是由于波浪的不断活动而形成的，有几处被当成海岸的垂直的斜坡，英国与法国之间的英法海峡的海岸上，有很多这样的斜坡，它们被海浪不断地攻击着，把它们的石块攻下来，把它们摔打成小石子。海浪还会翻滚到岸上，历史记载，许多的塔，住屋，甚至村落，都被深入内地的波浪淹没了，现在，那些地方早就完全消失在波浪滔滔中了。"

喻儿问："波浪这样搅动着，海水就不会腐臭了吗？"

"想要保证海水的不腐败，只靠波浪的活动当然不行，它还有其他的清洁方式。海水还溶解着很多物质，虽然这会使它的味道变得很差，却能阻挡它的腐败。"

艾密儿问："我们可以喝海水吗？"

"不能喝的，就算你渴得非常难受了，也不会去喝海水的。"

"海水的味道那么差吗？"

"它的味道又苦又咸，让人想呕吐。那个味道就来自它溶解的物质。最多的就是食盐，就是我们平时吃的用来调味儿的盐。"

喻儿不同意叔叔的话了："虽然我们不能喝盐水，可是盐没有让我有想呕吐的感觉啊？"

"是这样，可海水里还有很多别的溶解的物质，它们的滋味才是令人作呕的。每个海洋中所含的盐分都是不同的。一升地中海里的海水中就含有四十四克的盐质，每一升大西洋的水中的盐质只有三十二克。

"有人曾经粗略计算过海洋中盐的总量，如果海洋干涸了，它留下的盐可以把整个地球都铺盖十米那么厚的一层。"

艾密儿叫了起来："天哪！太多了。所以说，我们平时吃得再多也不可能把

盐田

盐池剖面图

加水　沙盐

稻草　　　卤盐

树枝

盐 田

盐用光的对吗？那么，我们平时吃的盐都是从海里得来的吗？"

"当然了。人们先挑选好一个低而平的海岸，把它掘成又浅，面积又广的池塘，这就是盐泽。再把海水引到这个池塘里来，海水满了以后，再把通海口堵断。盐泽上的工作要在夏天完成，太阳可以把池塘里的海水蒸发了，最后只剩下一层结晶的地面皮，再把这些盐堆成一堆，让它自己慢慢风干。"

喻儿问："如果我们调一杯盐水，把它晒在太阳下面，是不是也会和盐泽里的盐一样，堆积起一小堆呢？"

"没错，水被太阳蒸发完后，杯子里就只剩下盐了。"

克莱尔说："我知道海里有很多鱼，有小的，有大的，也有非常大非常凶猛的，沙丁鱼、鳖鱼、鲱鱼、金枪鱼等，除此之外，还有你曾说过的藏在贝壳里的软体动物；两个钳子比人的拳头力气还大的蟹，还有很多我不知道的生物。它们都是怎么生活的呢？"

"第一，它们是互相吞食的。最弱者被较强者当作食物，而较强者又是更强者的食物。很明显，如果它们一直这样互相吞食，且没有别的食物来源，迟早会被饿死，以至于种族灭绝。

"为了它们不至于落到那样的凄惨下场，所以海里的食物也要像陆地上一样丰富才行。于是，植物就为它们提供了这种养料。有几种鱼就是靠吃这种植物生存的，这些吃植物的鱼再成为另一些肉食鱼类的食物，所以可以这样说，它们都是靠植物直接间接地养活着的。"

喻儿说："我知道了，就像羊吃草，再被狼吃掉，所以说，狼是由草间接养活着的。那么海里也有很多植物吗？"

"很多很多。海底下的植物可能比陆地上的植物种类还要多得多。只是海藻和陆草的区别非常大，它们从不开花，没有叶子，也没有根。它们用下部一种黏汁贴住在岩石上的，不要以为它们是靠吸取岩石的营养成分生存的，岩石可没有什么营养成分，它们是靠水生存的，而不是泥土，它们的外形多种多样，有的像皮带，像丝带，还带着长鬃毛；有的像一球小芽，有柔软的乌头毛和波浪形的羽毛；还有的像是滚成了螺旋形的

海 藻

长条，或像一根线，被纹成了粗而黏的样子。颜色也有很多种，有的是橄榄青的，或淡红色的，有些是蜜黄色，或大红色的。这些千奇百怪的植物就是海藻。"

七十四、水的去向

艾密儿说："我听人说过，罗尼河的水都会流入大海。"

保罗叔叔回答说："罗尼河的水都是流向大海的，每秒钟能流入五百万升的水。"

"大海源源不断地融入这么多水，难道不会像山谷那样，满了溢出来吗？"

"孩子，你算错了。流入大海里的河可不只有罗尼河这一条。单在法国，就有格罗尼河、罗亚尔河、赛因河和其他一些比较次要的河流。而这些河的河水，在流入大海里的河水中，只能算是很少的一部分，全世界的河流最终都会流入大海。南美洲的亚马逊河，全长五千六百公里，河口宽四十公里，它所流出的水量是多么的惊人啊！

"我们可以想象一下，全世界所有包括最小的溪沟、巨大的江河在内的所有的河流的水，都一刻不停地流入海里。你们知道那条有小蟹的及膝深的小沟吗？艾密儿都可以跳过去的。它也与亚马逊河一样流向了大海，只是它每秒钟流的水量很少而已，但它已经尽了全力。可这么小的溪流怎么敢单独地行进到大海中呢？它在路上遇到同伴后，会和同伴汇合在一起，成为一条较大的溪流，溪流再向前行进，遇到同伴后再汇合，聚到一起后就成了江河。流向大海的江河，一路收纳着小河，最后这条大江流入大海时，最早汇入这条大江中的小溪沟的水也就流入了大海。"

喻儿说："小沟、小溪、小河、大江等河流的水都一刻不停地向大海流去，全世界无一例外，所以说，大海每秒钟融入的水量真是不计其数。说到这儿，我想起了艾密儿的问题：大海既然不断地接受到这么多水，为什么它不会溢出来呢？"

"如果有一个蓄水池，有一支泉水不断地流进去，但是那个池子有几个缺口，水满了以后，就会从这个缺口流出去，这样的话，就算水一直不断地流进来，池子里的水还会溢出来吗？"

"当然不会了，池子里的水都从缺口流出去了，水就会始终保持一个水平了。"

"大海也是这样的。它得到了很多，同时也在失去很多，所以它的水平面几乎永远不会变的，小沟、小溪、小河、大江，它们都流入海里，而这些小沟、小溪、小河和大江中的水，也都来自大海，它们流掉的水，又会从那个水池里拿回来，和自己当初流入池中的水量一样。"

艾密儿插进话来说："那么，那条小蟹的沟水也来自大海吗？那它的水应该是又苦又咸的，可我知道，它一点儿也不咸啊！"

"当然不咸，因为小沟里的水可不是直接从大海中流入的，大海里的水，在返回到小沟里之前，会先经过空气变成云。"

"变成云？"

"是的，孩子。我前几天和你们说过关于云的知识，你们还记得吗？"

"太阳的热力把水蒸发成一种眼看不见的水蒸气，四散到空气中。海的面积非常大，是陆地面积的三倍，这样巨大的面积发生的蒸发更是大规模的，海中一部分的水变成水蒸气进入空气中。这样的水蒸气再成为云，云再变成雨云，变成雪和雨落下来。这些雨水和融化的雪水成为泉水，泉水联合在一起，汇成溪、河、江。

"现在该道沟里的水为什么不咸了。虽然它也来自大海，如果我们把一杯盐水晒在太阳下，水被蒸发掉后，盐会留下来。所以大海里蒸发出来的水蒸气并不含盐，因为水蒸气形成的时候，是没有带着盐一起的。所以，水蒸气变成云后落下来的雪水和雨水流入的溪流，都是不咸的。"

克莱尔说："叔叔，你说的这些太神奇了，所有的水流：江、河、溪、沟中的水都来自大海，也会再回到海里去。"

"海是一个超大的水槽，它的面积是地球上的大陆总面积的三倍，海最深的地方是十四公里深，还会源源不断地接受着全世界的水流，而且永远不用担心会容纳不了。海水蒸发成水蒸气，融入了空气中，再变成云，这些云形成雨云，像一只巨大的喷水壶似的横扫着洒向了大地，滋润着土地。云中落下来的雨雪，流入了江河，而江河又汇入在大海。这个过程是循环的，从大海开始，然后海水形成云来到空中，再成为雨雪落到大地，成为江河，最后再回到大海。

"大海是水的公共水槽。江河、泉水、溪流，甚至于陆地上的每一条小的沟渠中的水，都是来自大海，又会回到大海。一滴露珠，我们额上的汗水，它们都是来自大海，再回到大海。不管是多么小的一滴水，它都不会迷路，如果沙太渴了，喝掉了它，太阳也有办法把它弄出来，把它聚集到大气中的水蒸气里，最后还是会回到大海中去。"

七十五、蜂群

保罗叔叔正在认真地给孩子讲着故事，忽然听到花园里传来：pom！pom！pom！pom！的声音，就像铁匠就在大接骨木下敲打着铁块一样。他们赶紧跑到外面察看，这才发现老杰克手里拿着一根铁钥匙用力敲着水罐：pom！pom！pom！老恩妈妈手里拿着一块小石头，敲打着一只小铜锅，同样发出pom！pom！pom！的声音。

天哪！这两位老实的好仆人，他们一脸的严肃，手上却玩着这么幼稚的游戏，他们难道疯了吗？他们两人一边单调的敲打着，还偶尔交谈几句，杰克说："它们往覆盆子丛飞过去了。"老恩妈妈回答说："看样子，它们是要逃跑了。"接着，就又响起了pom！pom！pom！的声音。

这时，保罗叔叔和几个孩子跑了过来。保罗叔叔看了一眼就知道这是怎么回事了。花园里飞着一团像红云一样的东西，它一会儿升起来，一会儿沉下去，有时分散，有时聚在一起，空中响着单调的翅翼扑棱的声音。老杰克和老恩妈妈仍然一边敲着，一边跟着那团红云似的东西。保罗叔叔凝神看着，艾密儿、喻儿和克莱尔面面相觑，不知道这到底是怎么回事。

那团红云一样的东西降下来了，正如老杰克的预见，它们越来越接近覆盆子丛，并在那里绕着转圈，像是在挑选一样，最后它们选中了一根丫枝。这时，老杰克和老恩妈妈pom！pom！pom！地敲得更响了。那些小东西在那根丫枝上做成一个圆块，那团红云渐渐散开，绕着圈，慢慢地，看得越来越清楚了。老杰克和老恩妈妈停止了敲打，覆盆子的丫枝上挂着一大团，那团红云一会儿就从那团上离开了，终于结束了，人们现在可以靠近了。

艾密儿猜，那应该是蜜蜂回家里去。他还记得那次在蜂窝前的冒险记忆。他的叔叔拉着他的手，笑着安慰他。艾密儿壮了壮胆子，跑到了覆盆子旁边，叔叔和他在一起呢，有什么可害怕呢？接着，喻儿和克莱尔跟着跑了过来。

　　覆盆子的丫枝上有一球紧紧挤在一起的蜂团，不一会儿，又有几只飞了过来，找了一个位置，紧挨着前一个蜂。这上面至少有几千只蜜蜂，丫枝被这沉重的负担压弯了。第一批飞到的当然是最强壮的，因为它们要担起全团的重量。它们前脚上的爪紧紧抓住丫枝，后来的蜂就紧紧抓住第一批来的蜂的后脚，然后第三批来的蜂再抓住它们的后脚，就这样，一批一批地陆续过来，后面的数目越来越少了，最后，它们都只用前脚挂住在那里了。

　　面对这一球蜂团，孩子们觉得太惊奇了，太阳照着蜜蜂的红毛与发光的叶子，可孩子们仍然不敢靠得太近，胆怯地远远地看着。

　　喻儿问："我们站得这么近，太危险了吧？我们会被它们叮的。"

　　"别怕，孩子们，在这种情况下，蜜蜂很少会用它们的刺。但如果你们愚蠢地去惊扰它们，那我就不敢保证了，但是，只要你们不要打扰它们，就用不着害怕，尽管靠近些看个清楚。它们还有别的事要做，不会叮你们的。"

　　"它们有什么事要做？它们这样一动不动的，是不是睡熟了？"

　　"它们现在没有了自己的国家，正准备找个合适的地方再建一个。"

　　"什么？蜜蜂也有国家？"

　　"是啊，它们的蜂房就是它们的国家。"

　　"那么它们是在找一个蜂房，然后在里面居住吗？"

　　"它们是在找一个蜂房。"

　　"这些蜂现在都是无家可归的了，它们从哪里来的呢？"

　　"它们以前住在花园中的旧巢，是从那里飞过来的。"

　　"那它们就继续住在那里不就行了，为什么还要出来找别的地方呢？"

　　"不，孩子，它们无法再在那里住下去了。蜂房的蜜蜂越来越多，空间也显得越来越拥护了。所以，一只女王蜂就领导着最勇敢的蜜蜂脱离了旧巢，再到别处寻找新的领地，这种移居的蜜蜂队，就叫做一个蜂群。"

　　"领队的那只女王蜂现在也在其中吗？"

　　"它在最里面。它最先停在覆盆子上，全队的进止都是由它决定的。"

　　这些名词：国家、女王、移民、领地，深深地刻在了孩子们的想象中，他们想不明白，为什么人类政治上的名词会用到蜜蜂身上来，他们不断地向保罗叔叔提着问题，可是保罗叔叔就像没有听到一样。

"一会儿等这蜂群进入蜂房以后，我再把蜜蜂的故事讲给你们听。现在，我只回答克莱尔刚才的问题，就是老杰克和老恩妈妈敲打着水壶和小锅的原因。

"如果蜂群飞到旷野去，我们就损失太大了，所以我们要引导它们停住在一棵树上，让它们在这里筑蜂房居住下来。所以人们就要闹出一点声音，像雷击那样，据说蜜蜂很怕暴风雨，它们听到雷声后就会赶快寻找地方躲避起来。但是我不认为它们会把敲打旧罐头盒的声音当作是雷声。它们都是随意停留的，如果环境适宜，它们一般会选择离老巢不远的地方筑蜂房。"

这时候，老杰克两只手里分别拿着一柄锯和一柄锤子，他们招呼保罗叔叔过去帮忙。他想用几块新板给蜂群做一间蜂房。黄昏的时候，巢箱终于做好了。箱子的最下端有三个小孔，蜜蜂可以从这里进出，箱里面还有几个用来支持将来的蜂窝的木钉。墙边有一块大平石，他把巢箱放了上去。夜里，他们跑到覆盆子那儿，只摇动了几下，就使它们离开了树枝，蜂的团进入了巢箱中，老杰克把巢箱放在大平石上就离开了。

第二天一大早，喻儿急忙跑到巢箱那儿去看蜜蜂在做什么。那间屋子太适合它们了，它们从巢箱的小门里跑进跑出，在太阳下面擦净全身，就兴高采烈地到花园里的花草丛中采花酿蜜。它们找到了自己的领地，昨天夜里，它们一定开会讨论过了，要如何在这个新的国家开始新的生活。

保罗叔叔始终会记得自己许下的诺言，根本用不着别人去提醒他，有空儿的时候，他就把孩子们叫到身边，把蜜蜂的故事讲给他们听。

"一个巢箱里的蜜蜂大约有两万只至三万只。这个数目几乎和人类一个中等市镇的人口数目相等。在一个人类的市镇里，每个人都有自己的专门的职业，制面包的做面包，泥水匠造房子，木匠造器具，裁缝做衣服，总之，每个行业都有自己的专家。同样，在蜂房这个国家的社会经济生活中，也是有着不同的分工的：有的蜂专门负责生育，有的峰专门做爸爸，有的蜂专门做工。

"专门负责生育的蜜蜂，每个巢箱中只有一只。这一只蜜蜂，是巢箱所有蜂类的母亲，名叫女王蜂。它和工蜂不同，它的身体很大，也没有劳动工具。产卵就是它的工作，它的身体内每次都能产一千二百枚卵，而且它产完第一批后，第二批就能立即形成。女王蜂的工作太惊人了，所有的蜜蜂都是它的孩子，它们对于自己的母亲，又尊敬又体贴，它们把最好的食物一口口地喂给它们的高贵的母亲吃，因为它没有时间去采食，其实就算它真的去采蜜了，也不知道应该如何采，它只会产卵，产了又产，这是它唯一会做的事。

"而父亲的职务，是六七百个蜜蜂担任的，叫做雄蜂。它们的个头比工蜂大，但比女王蜂小一些。它们的两只眼睛大而突出，合生在头顶上。它们没有尾刺，只有女王蜂和工蜂能够装备毒刺刀。雄蜂是不可以有这样的武器的，那么为什么会这样呢？有一天，女王蜂出巡了，这些雄蜂做了她的配偶以后，它们就会痛苦地死在旷野里，就算能够回到巢箱里来，也会受到工蜂的冷待，由于它们耗费食物，也不劳动，所以那些工蜂对它们非常不好。最初，工蜂只是痛打它们，以此表示懒汉不能生活在一个劳动的社会，如果它们还不了解，工蜂就会采取更残忍的手段。一天早晨，工蜂把它们全都杀死了，再把它们的死尸抛出巢箱，这就是雄蜂的悲惨结局。

蜜 蜂

A.工蜂；B.女王蜂；C.雄蜂

"再来说工蜂，一个女王蜂约有两三万只工蜂。这些工蜂就是我们平时看到在花间飞来飞去采花蜜的蜜蜂。还有一些年纪比较大而经验丰富的工蜂，就会留在巢箱里看家，养育着女王蜂产的卵孵化出来的小蜂。于是，工蜂中就有了这样不同的两种：一种是非常年轻的蜡蜂，它们专门做蜡和采蜜，另一种是年老的工蜂，就叫做保姆蜂，它们留在家里抚养小蜂。这两种工蜂相处很融洽，它们年轻的时候，充满着热情与冒险的精神，尽自己最大努力做好蜜蜡制造者的工作。它飞到田野里寻访花儿，寻找着食物，遇到敌人时，还要被迫断然地拔出刺刀，与之相搏。它们用分泌出的蜡汁来造贮蜜房和养育小蜂的小屋子。等它们年老以后，就有了足够的经验，可是失去了年轻时候的热情。所以就会留在家里做保姆，做抚养小蜂的精细工作。"保罗叔叔说明了蜜蜂的勤勉，这引起了孩子们的极大兴趣，他们这才知道，昆虫还能有这样的公共规则，简直太不可思议了。喻儿早就等得不耐烦了，他有一大堆问题要保罗叔叔回答，赶紧插进话来问："你刚才说蜡蜂是做蜡的。它们是在花里寻觅现成的蜡是吗？

"它们可找不到现成的蜡。这是它们做出来的，是分泌出来的，和牡蛎分泌出石质做壳、厚珠母分泌出它的珍珠母质做珍珠的道理是一样的。

"如果你仔细观察一只蜜蜂的肚子，立刻就能看出它的几片或几节，它们是接合而成的。而且所有昆虫的肚子都是这样做成的。这种排列法，适于直立起来，这在一切昆虫的角、触角上和腿上都是一样的。昆虫 (insect) 这个词的意义，指的就是适宜于直立的几节连接在一起的意思，这个词的原意是'分节'。一只昆虫的身子就是包括一串头接头的小片。

"再看蜜蜂的肚子。在两节之间的折襞里，它肚子的中部有造蜡的机关。蜡质就是从那里一滴一滴地分泌出来的，就像我们从皮肤里分泌出汗水一样，它能积聚成为一薄层蜡衣，蜜蜂就会用腿刮下肚子上的蜡。在它们身上，有八处制蜡的机关，所以它们总有着一薄层的蜡衣备用。"

"蜜蜂用蜡做什么用呢？"

"它可以用这些蜡造贮蜜的蜜房，还可以用它造小房子，养育幼小的蜂。"

艾密儿插进话说："它用从肚子上的折襞里分泌出来的蜡衣来造房子？它的想象力和创造力太奇妙了。"

保罗叔叔说："蜗牛分泌出石质造壳，我们从它的身上早就习惯了这些动物们的奇妙主意了。"

七十七、蜜房

"蜜蜂用它们的蜡做成小房子，这样就可以把蜜贮藏起来，也更方便抚育幼虫，所以这个小房子就叫蜜房，它的一头是开着的，另一头是关着的。形状是六角形的，基本是一个整齐的等边三角形。

"你们奇怪我为什么把一个这样严肃的几何名词用到了蜜蜂的身上，要知道，蜜蜂真的是技术精巧的几何学家。它们要有最高智慧的修炼才做得出那样的结构，所以说，人类的智慧要紧跟着昆虫的科学。我要给你们详细讲解一下这个困难的题目，我要想办法让你们听懂。

"蜜房是水平地排列着的，背贴着背，尾连着尾，末端紧紧相连。它们的几条边都或多或少地紧排着，每个平面相接触着，每一块平面都是两个紧挨着的蜜房的共有壁。这两层背后紧连的蜜房，就成了蜂房，或蜂窝。这个蜂房就有了到这面蜜房里去的入口，另一面也有了蜜房入口处。最后，蜂窝垂直地倒挂在巢箱里，它的两个口，有一半朝向右，另一半朝向左。它紧贴着巢箱的上部、箱顶或是里面交叉着的棒。

"蜜蜂的数目特别多时，只有一个蜂房是远远不够的，于是再做蜂窝时就会做和第一个一样的蜂窝。每个蜂窝都是平行排列着的，中间有可以自由出入的地方。这些可以自由出入的地方就像是人类的街道、公共广场，两旁紧密排列着的蜂窝就像人类房屋的门一样，相对着朝向大街，有许多蜜蜂都在紧张地忙碌着，在这个门到另一个门之间穿梭，把蜜安放在堆栈的蜜房里，或是拿去给育婴室里

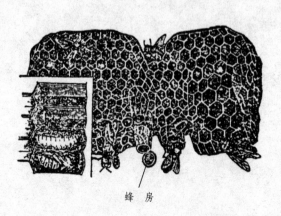

蜂 房

的幼虫食用。必要时，它们还会聚在这个公共场所，商议着日常事务，比如，它们会穿梭于各个门，一趟一趟地察看幼儿们是否需要喂食，蜡蜂用力地从自己身上刮蜡，用这些蜡开始造房子，这时，它们就准备把雄蜂杀光了。又比如，巢里新的女王蜂出生后，这时内战就快要发生了，很多蜜蜂都会聚在一起商议移居的计划，还有——接下来的事我们可以不必说了，来，孩子们，我们接着讲蜜房的事。"

喻儿插进话来说："我想知道蜜蜂所有的稀奇故事。"

"有点耐心，孩子，首先，我们先看看蜜房的构成。蜜蜂认为自己身上有充分的蜡可供使用时，就会在从身上的环节的折襞里刮下一片蜡来。它的两颚之间衔着这一小片蜡，在拥挤的同伴中间叫着。就像是在说：'快点让我过去，我要赶紧去工作。'蜜蜂们就会赶紧给它让开一条路，它跑到工作场所里，把蜜蜡揉捏着咬成细块状，捏成一条带，再把它们揉捏到一起，使它成为一个坚固的整块，它再用唾涎把它们浸润着，这样这蜡片就会变得更柔软坚韧。这块蜡被它揉捏到了可以使用的程度时，它就把它们一片一片贴上去。贴的时候，如果有多余出来的地方，它的两颚就会像剪刀一样把多余的部分剪下来，两根触角还在不停地动着，它们的触角是它们的探针和测量的仪器：它们用它触着蜡墙，看看它的厚度是否合适了，再把触角伸进洞里，检察它的厚度。这一对活仪器太灵活精确了，也正因为有了它的帮助，蜜蜂才能造出这样精细又整齐的建筑！而且，如果哪只蜜蜂是个生手，它的旁边还会有一个经验丰富的老师傅指导它工作，如果它出了一点小错误，就无法弥补了。那个新手也会谦虚地退到旁边，看着师傅是怎么做的，一边看一边认真地学。学会以后，它再重新投入到紧张的工作中，一个宽二三十厘米的蜂窝，几千只蜡蜂聚在一起做，只需要一天的时间就能做好了。"

克莱尔说："叔叔，你刚才说蜜房很特别，它是几何式的排列。"

"我现在说这个，但是我要把它讲得简单些，以便让你们更容易理解，孩子们，现在你们知道的这些知识，还不能让你们完全懂得蜜蜂建筑的高贵和美丽。喻儿，想要完全懂得小蜜蜂的蜡屋，需要很高的学问，所以你们要好好学习，以后才能彻底了解这个奇迹的魅力。现在，我来讲给你们听。

"有几个蜜房是用来做贮蜜的堆栈的，还有的给小蜜蜂当窝。这些蜜房都是用它们身上的蜡做的，这种材料，也不是随时想用随时都有的。它们的肚子上分泌出这一薄层蜡质后，它们才能取下来用，但这个过程非常慢，分泌出蜡是会需要消耗蜜蜂的体质的。也就是说，蜜蜂其实是在用自己体内的材料建造房屋，它们用身体里分泌出来的材料做蜜房。由此你们应该能看出，蜡对于蜜蜂来说，是多么宝贵的东西，所以它在使用的时候，才会那么精打细算。

"这个家庭里有众多成员，可它们却要住在一个蜂窝内，蜜的堆栈一定要增加，这样才能满足它们这整个社会的需要。而且这些贮蜜室与育婴室也要弄得小巧精致，否则会使巢箱负累，而且还要使这个王国中的二三万个居民可以自由地进出。于是，蜜蜂就有了这样一个难题：它们要在最小的空间内，做最多的蜜房数，所费的蜡又最少。喻儿，你能帮蜜蜂解决这个难题吗？"

"叔叔，很遗憾，我暂时想不出答案。"

"为了节省蜡，它们一开始就想到了一个简单方法：就是做蜜房的壁时，把它做得很薄。蜜蜂们会把墙垣造得非常薄，就像一张纸片那样。但仅仅这样还不够，它们还要好好想想蜂房的样式，那么什么样式最能满足蜜蜂对于经济空间和蜜蜡的要求呢？

"我们先假定这个样式是圆形的。现在，我们在纸上画几个大小相同的圆，使它们紧挨在一起。这三个圈儿围在一起时，总会有个空出来的地方，那么圆形就不适合做蜜屋了，因为它浪费的空间太多了。

"再来看正方形，我们再在纸上画几个一样大小的正方形。我们把它们排列整齐后，会发现它们的中间都结合得非常紧密，一点空隙也没有，就像咱们房间里的地板一样，一块紧挨着一块。所以说，正方形的样式符合蜂窝的第一个利用一切的空隙的建筑要求。

"但还有另一个问题。就是如果按照正方形的模型建筑蜜房，那么建筑的时候用的少量的蜡，用来堆藏蜜的强度不够。它们要想方设法尽量增加房子的数量，这样才能减轻蜜房的负重力，我不想再继续深入地讲解这个问题了，因为它已经超乎你们的知识范围之外。我只告诉你们一个结果，就是几何学证明蜜蜂的选择是对的。

"从这一点出发，问题马上就解决了。所有可以用来边接边的图形中，同样的空间内房间最多的就是多角面的正规形，制造的时候，用的蜡量也比较少。可它负载密量却是最大的。

"所以蜜蜂们就选择了这个正六边形的形式，蜜房也能占有最小的空隙，蜡量也用得最少，却能容纳最多的蜜量。"

克莱尔说："那么，蜜蜂也和我们人类一样那么聪明了，甚至比我们还要聪明，因为小小的昆虫居然能解决这样的难题。是不是？"

"如果蜜蜂在建筑蜜房时，是事先经过一番思考、想象和计算，那么这就是一件太了不起的事了，孩子们，这么聪明的动物可以和人类竞争了。之所以说蜜蜂是伟大的几何学家，是因为它们拥有这样的智慧完全是本能的。好了，这个问题讲到这儿为止，我怕再讲下去，你们就听不懂了，至少，我现在已经让你们粗略地知道了一个世界上最伟大的奇迹。"

"蜜蜂非常勤劳，太阳刚出来，它们就开始工作，离开巢箱，来到花丛中采蜜。你们应该早就知道花园中的花有多么吸引昆虫了。我曾经给你们讲过花蜜的知识，花蜜是从花冠底里分泌出来的甜汁，也正是它们把花粉带到了柱头上去。蜜蜂要采集的就是花蜜，这是它们、幼儿和女王蜂的食品，花蜜是蜂蜜的主要原料。那么，它们如何把一滴汁带回巢，再分配给别的蜜蜂食用呢？蜜蜂没有壶、瓶、罐头，甚至连相似的东西都没有，它们也像蚂蚁运送牛乳那样，放在它的肚子里带给劳作着的同伴们吃。

"蜜蜂钻进一朵花里去，把它又长又细的嘴伸到花冠中心去，它的嘴也是舌头，贪婪地吮吸着花心里的甜汁。从这朵花到那朵花地吸着，直到把肚子装满了。同时，蜜蜂也会吃几粒花粉，有时，还会特意带到巢箱里去，它做这项工作全靠身上的特有工具：第一是它身上的毛，第二是它腿上有刷子和篮子。它们身上的毛和刷子是用来收获的，而那个篮子则是用来装运的。

"蜜蜂一开始还轻盈轻快地在花朵的雄蕊之间旋转着，把全身滚满花粉后，就用后腿的尖端，刮着毛茸茸的身体，它的后腿尖端上有一块方片，里面是又短又粗的毛毛，它就用它当作刷子。把肚子上的花粉粒聚成一粒小球，把它放进篮子里。人们把这些小球堆在这个地方。篮子被边上的毛挡住了，所以篮子里的东西不会掉出来的。女王蜂和雄蜂没有这些工具。因为它们根本不用做工，所以也根本用不着这些工具。"

喻儿问："蜜蜂在花里采花蜜的时候，我看到它的后腿上有块黄色的东西，那是篮子里的花粉吗？"

"是的。蜜蜂从花冠吸走很多甜汁，在身上滚满花粉，最后还要装满一肚子、一篮子，这时就该回去了。"

"现在它正往巢里运送食品，趁这段时间，我来告诉你们蜂蜜是什么做成的，蜜蜂装了一肚子甜汁和两篮子的花粉球，但这些可不是蜜。它们只是做蜜用的原料，它还要把这些原料在它的肚子里徐徐煮沸。它的小肚子功能太强大了，真是一个可爱的蒸馏罐，它们把刚才吸取的甜汁和所采集的花粉全部放在这里，通过在肚子里的加工，使它们成为一种味道鲜美的果子酱，这才是蜂蜜。把这一个巧妙的煮炼工序做完后，它肚子里的就都是蜜了。

"蜜蜂回到巢箱里，如果它们刚好幸运地遇到了女王妈妈，它们就要向她致敬，嘴对嘴地把肚子里煮炼出来的蜜献给女王妈妈。然后，它会找一个空的蜜房，把头钻进贮蜜房里，把舌头伸出来，吐出肚子里的东西。于是这里就是蜜蜂酿成的蜜了。"

艾密儿问："它们肚子里的蜜都是吐出来的吗？"

"也不完全是。它们的肚子里装着的东西有三部分：一部分要留给巢箱里留守的保姆蜜蜂的；第二部分是给巢里的幼蜂吃的；第三部分才做成蜂蜜。

"那么蜜蜂也吃蜜了？"

"当然，不要以为蜜蜂做蜜是为了给人吃的，其实它们是为了给自己吃，可不是为了我们，是我们抢了它们的宝贵食物。"

喻儿问："那后来呢，小花粉球怎样了？"

"花粉也是做蜜的原料，还能用它来养育小蜜蜂。工作的蜜蜂采蜜回来后，把它的后腿放进一个蜜房里，这个蜜房是空的，没有幼虫，也没有蜜，它用它的中腿分开小丸子，把它推进蜜房里去。在第二次外出采蜜之前，必须要把蜜吐在蜜房里，花粉也是放在这里。保姆蜂穿梭在蜜房里，吸取食物再去喂给小蜂吃，它们自己也是在这时开始进食食物的，天气不好时，巢箱里所有的蜜蜂都会到这间蜜房里来取食。

"花儿不是全年都盛开的，即使在鲜花盛开的季节，偶尔也会有下雨天，这样的天气里，工蜂们都不能出去采蜜，所以它们必须要储藏花粉和蜂蜜，以备不时之用。所以鲜花盛开的季节，蜜蜂们的收获在供给需要有剩余的时候，工蜂们不知疲倦地采集着蜜和花粉，把它们收藏在蜜房里，蜜房装满以后，再用蜂蜡做一个盖子，把它封上。

"蜜房里被封存起来的食物是要在缺粮的时候拿出来吃的。那个蜡做的盖子，蜜蜂们对它非常尊敬，如果在不应该打开它的时候碰一碰它，就是犯了国法，需要的时候，蜜蜂们就会掀去这个盖子，每只蜜蜂都从蜜房里取出一点蜜，但是都取得很少，它们对于珍贵的食物非常节省。这个蜜房里的蜜吃完以后，再吃另一个蜜房的蜜。"

喻儿第二次提出了问题："蜜蜂们怎么喂小蜜蜂呢？"

"当准备好做足够育婴窝的蜂蜡后，女王蜂就会产卵了，从这个房产到那个房，保姆蜂都会全程在旁边细心地侍候着。每一个房里只产一个卵，卵产下后的三天到七天，就会从卵中孵出来一条小幼虫，这只小幼虫是条白色的软体虫，它没有腿，全身弯曲着。从这时开始，保姆蜂就要开始它细心的保育工作了。

"每天，它们都要喂养小幼虫几次，小幼虫吃的可不是原来的花粉或蜜，而是被保姆蜂加工成的、利于它们的小肚子消化的食物。一开始是一种汁，几乎没有味道，后来会加甜一点，最后才会是纯蜂蜜，这时，它已经长足了力气。蜜蜂喂养小蜂的方式和人类喂养孩子的方式很像，我们喂刚出生的孩子吃东西时，能直接给他吃一块牛肉吗？当然不是了，也是先喂孩子乳汁，接着再是奶糕，等孩子再大些，才能吃得和大人一样。蜜蜂也是，它们有硬的蜜，这是给大蜜蜂吃的，而那些柔软的没有甜味的奶糕要给年龄小、身体弱的小蜂者吃。那么它们是如何储存了这么多食物呢？这很难回答，可能它们只是把花粉和蜜按照不同的比例混合起来的吧。

"幼虫生下来六天内发育得很快，接着就会像其他昆虫的幼虫一样，暂时告别世界，开始蜕变了。为了保护它蜕变的肉体，每个幼虫在蜜房里用丝缲起来，工蜂用蜡盖把蜜房封好。在丝织的壳子里，它丢弃掉外皮，这时，它就蜕变成了蛹。十二天后，蛹又一次苏醒了，这是它的第二次蜕变，它把那狭窄的褴褛扯掉，就成了真正的蜜蜂。然后它和外面的工蜂一起咬破外面的蜡盖儿，外面的工蜂始终守候在外面，等待着迎接家里的新成员，于是，王国里又多了一个公民。新生蜜蜂的翅翼风干后，它会简单整理一下自己的身体，就去做工了。它们根本就不需要学习，就知道应该怎么做，要知道，它们在年轻的时候做勤劳的蜡蜂，老了之后就做保姆蜂了。"

"女王蜂的卵，生在特别的蜜房里，这蜜房和孵育工蜂的房相比起来，更宽敞坚实。与普通工蜂房样式相同。那些特别蜜房叫御房，是紧系在蜂窝顶上的。"

喻儿问："女王蜂在一个大蜜房里产卵。它能分辨出哪个卵产出的是女王蜂，哪个卵产出的是工蜂吗？"

"它不知道，也不需要知道，女王蜂的卵和工蜂的卵看上去是相同的。只是因为它们受到的待遇不同，这才决定了它最后会成为女王蜂还是工蜂。在某种特殊待遇下，幼虫就成了一只女王蜂，它的肩上就担起了巢箱中将来的繁荣。在另一种待遇下，它就成了工蜂，身上生着刷子和篮子。蜜蜂们可以按自己的意愿造就它们的女王，一个产出的卵，如果没有精心照顾，就无法产生女王蜂。这和人类幼儿时期的教育很像，小时候的教育对我们的将来起着很大的作用，我们不是天生的贵族和下贱民，但小时候教养得好的，长大后就会成为一个优秀的人；那教养得差的，长大之后就会成为一个坏人。

"我们不必说蜜蜂的教养方法与人类一定相同。人类的教育，连最普通的冲动反应和理性高尚的举动等都会参照标准，被人为地界定。而蜜蜂的教育完全是动物的教育，是受着肚皮支配的。食物的不同，才分出女王蜂或工蜂来。给未来女王蜂吃的是保姆蜂精心调制的一种特殊的奶糕。至于调制的方法，只有它们自己才知道。不管哪个吃了，都会成为女王蜂的。

"这种食物营养非常丰富，它能使幼虫得到超乎寻常的良好发育，刚才我和你们说过，被选为女王蜂的幼虫住的蜜房非常宽大，就是因为这个原因。蜜蜂要用很多蜡才能做出这个尊贵的摇篮。它可不是六角形那种丑陋的样式，墙壁薄薄的了，御房的墙壁非常厚实，是间奢华的大房间。"

"那么蜜蜂们偷偷摸摸培养女王蜂，不会让女王蜂知道吗？"

"当然了，孩子，因为那样的话，女王蜂会非常嫉妒，它不允许巢箱里还有其他女王蜂存在，这样会侵犯到她的特权，希望这个侵略者立刻滚。'天哪！你要来抢走我的百姓们对我的爱吗？'这非常可怕，孩子，可工蜂的心计很深，它们知道就算是女王蜂也总有一天会死去的。它们认为女王蜂非常尊贵，它们要以长远的目光看待这个问题，提前培养好未来的女王蜂。它们需要新的女王蜂来保证它们宗族命脉的延续，不管发生了什么事，它们非要它不可。所以，它们就把王者吃的奶糕喂给大蜜房里的幼虫吃了。

"到了春天，工蜂和雄蜂都孵出来了，这时，御房里响起了很大的挣扎声，那是小女王们想从蜡牢里钻出来发出的声音，于是，保姆蜂和工蜂列成一大队用力在门前拱着。它们不能让小女王们离开蜜房，它们把蜡门加厚，如果哪里有破了的洞，就会立刻把它修好，就像是在说：'外面有危险，你们现在暂时还不能出来，'可小女王蜂们在里面等得不耐烦了，又开始猛烈地挣扎起来。

"老女王蜂听到了动静，愤怒地跑过来察看，它在御房之前暴跳如雷，它用力揭去一片片蜡盖，要把房子里的侵略者拖出来，撕个粉碎。终于，女王蜂赢了，几只小女王蜂屈服了，可是百姓们都把老女王蜂围了起来，马上就要开始一场屠杀的惨剧了，这时还有两只小女王蜂幸存着。

"内战爆发了。有一些蜜蜂是协助老女王蜂的，还有一些蜜蜂是帮助小女王蜂的。这样就出现了意见分歧，接着是混乱与骚动，本来平和的生活就这样被破坏了。这时的巢箱已经杀气冲天，贮蜜室里本来装得满满的食物，现在大家都跑来抢夺了。它们狼吞虎咽地拼命吃着，就像没有明天一样。它们互相进攻着，以毒刺乱戳。于是，老女王蜂作出了一个决定：它要抛弃这个国家，这个为它创造现在又背叛它的忘恩负义之国。'爱我的都跟我走吧！'它傲慢地永远离开了巢箱。它的追随者也跟着它飞了出去。这个移居的队伍就成了一个蜂群，到别的地方寻找新的领地了。

"在巢箱中留下来的蜜蜂，在老女王蜂离开以后，又恢复了正常的秩序。两只小女王还要争夺自己的统治权。于是它们为了谁做女王这件事要举行决死的斗争。它们来到蜜房外面，然后立刻激烈地扭打起来，相互用牙颚咬住了对方的触角，啃咬着扭作一团。在这种情况下，它们只要把对方的肚子转过来，用毒刺把毒汁注入对方的体内就可以结束战争。但这样做的话，只会两败俱伤，它们的本能不允许这样的事情发生，于是它们分开了，暂时偃旗息鼓。可是百姓们却把它们围起来，不让它们离开，它们中间一定要有一个屈服，于是，这两个女王又打了起来。一个女王乘对方不备，一下子跳到它的背上，擒住它没有展开的翅翼，猛地在它身上狠狠刺了一针。另一个女王就这样两腿一伸，死了，一切都结束了。王国又统一了，巢箱里也恢复了从前的秩序和日常生活。"

艾密儿说："蜜蜂太残忍了，它们强迫两个小女王打起来，杀死其中一个。"

"是的，孩子，这只是它们的本能。不然，它们的国家里将会内战不断，可虽然它们曾经这样做过，可它们仍然对女王非常尊敬。虽然它们曾经残忍地杀尽雄蜂，然而面对两个女王争夺王位的场面，它们应该如何避免呢？它们不可能像杀掉雄蜂一样除掉一个女王，就算它们多出一个女王，给它们带来沉重的负担，它们也没有谁敢大胆侵犯女王陛下的。它们无法改变命运，所以这件事只能由女王们自己去解决。

"有时，它们那受万民拥戴的女王蜂忽然由于意外或年老而死了，不要觉得奇怪，这种事经常会发生，蜜蜂们会非常尊敬地围在已逝的女王周围，轻轻地刷着它，贡献着蜜，就像它没死之前一样，它们亲柔地抚摸着它，以它生前的待遇一样侍奉它。几天之后，它们才会明白，它们的女王已经死了，它们所有的尊敬和爱戴都没有用了。于是全王国里都会响起哀嚎，每天夜里，都能听到巢箱里传来的一阵悲哀的嗡声，这是一种痛哭声，这种哀悼声要持续两三天才会停止。

"哀声结束之后，它们会在普通的蜜房里选出一个幼虫做未来的女王。这只幼虫本来是要成长为工蜂的，可是由于国家的需要，它被改造成了女王。工蜂们拆掉四周的蜡壁，把这里作为新女王的房间，众蜜蜂们一致同意，这只幼虫将来要成为新女王。要培养新女王，需要广阔的空间，这个好办，它们为了适应这只幼虫未来的身体需求，把这间蜜房扩大了。这只幼虫连续几天都在食用培养女王蜂的御浆，奇迹就完成了。

"老女王死了，新女王陛下万岁！"

喻儿说："保罗叔叔，你给我们讲的所有的故事里，这个关于蜜蜂的故事最有趣了。"

保罗叔叔笑着点点头说："是的，孩子，我也是这样认为的，所以我才会把

这个故事放在最后讲给你们听。"

喻儿叫了起来："什么？最后？"

克莱尔不解地问："叔叔，以后你再也不给我们讲故事了吗？"

艾密儿着急地说："真的不再讲了吗？"

"孩子们，别急，你们想听多少我就给你们讲多少，只是要过一段时间才能讲了，因为咱们家的谷子已经熟了，我得去收谷子，来吧！我可爱的孩子们，让我们快乐地拥抱一下，暂时和故事告别一段时间。"

保罗叔叔就要忙于谷物的收获了，晚上不能再给孩子们讲故事了。于是，艾密儿又重新玩起了他的诺亚舟玩具，这时他才发现，红鹿和象都已经发霉了！因为从第一次听保罗叔叔讲蚂蚁的故事那天起，他就没有再碰过这玩具了。